Teshale Mamo
Arvid Boe

# Genética da biomassa e caraterísticas relacionadas com a biomassa em plantas de copa

Teshale Mamo
Arvid Boe

# Genética da biomassa e caraterísticas relacionadas com a biomassa em plantas de copa

ScienciaScripts

Cover image: www.ingimage.com

This book is a translation from the original published under ISBN 978-3-659-77310-5.

Publisher:
Sciencia Scripts
is a trademark of
Dodo Books Indian Ocean Ltd. and OmniScriptum S.R.L publishing group

120 High Road, East Finchley, London, N2 9ED, United Kingdom
Str. Armeneasca 28/1, office 1, Chisinau MD-2012, Republic of Moldova, Europe
Printed at: see last page
**ISBN: 978-620-8-07387-9**

# AGRADECIMENTOS

Gostaria de agradecer ao meu orientador, Dr. Arvid Boe, pela sua orientação, compreensão, paciência e, acima de tudo, pela sua amizade durante os meus estudos de pós-graduação na Universidade Estatal do Dakota do Sul. A sua orientação foi fundamental para proporcionar uma experiência completa e coerente com os meus objectivos profissionais a longo prazo. Gostaria de agradecer aos membros do meu comité de pós-graduação: Dr. Vance Owens, Dr. Zixiang Wu, Dr. Gary Yarrow e Dr. Tom Cheesbrough pela sua ajuda e apoio na conclusão do meu estudo de doutoramento. Também tenho de agradecer ao Dr. Vance Owens por me ter permitido trabalhar no seu laboratório a analisar a lignocelulose da planta da chávena. Um agradecimento muito especial vai para o Dr. Yajun Wu que me ensinou e me deixou experimentar as técnicas de extração de ADN da planta da chávena, de PCR e de gelagem no seu laboratório. Gostaria de agradecer aos professores a cujas palestras assisti: Dra. Fedora Sutton, Dr. Zixiang Wu, Dr. Lan Xu, Dr. Michael Hildreth e Dr. Todd Trooien. Gostaria também de agradecer a Karla Hernandez, Kim Sung Un, Nathan Ulmer e Lakshmi Prashanti a sua ajuda na realização de trabalhos de laboratório, de estufa e de campo. Gostaria de agradecer a Bradley Carsrud, que, como bom amigo, esteve sempre disposto a ajudar e a dar as suas melhores sugestões.

Reconheço com gratidão o apoio financeiro da Sun Grant Initiative, North Central Sun Grant Center, Brookings, SD.

Por último, gostaria de agradecer à minha família pelo apoio que me deu ao longo de toda a minha vida, Dagmawit Mogese, Eyuel Teshale, Serkalem Assefa, Embet Assefa, Berhanu Assefa e Tsehay Ayele. Acima de tudo, agradeço ao Todo-Poderoso as suas abundantes bênçãos, pelas quais não há palavras suficientes para louvar a sua glória.

# ÍNDICE DE CONTEÚDOS:

# RESUMO

## GENÉTICA DA BIOMASSA E CARACTERÍSTICAS RELACIONADAS COM A BIOMASSA NA PLANTA DA CHÁVENA (SILPHIUM PERFOLIATUM L.)

TESHALE A. MAMO

2014

A planta da copa (Silphium perfoliatum L.) é uma planta forrageira perene vigorosa, nativa das pradarias húmidas do leste da América do Norte. Os nossos objectivos foram identificar famílias de meios irmãos com uma produção superior de biomassa e determinar a variação genética e a hereditariedade de sentido restrito para a biomassa e outras caraterísticas agronómicas e de sementes numa população de planta de copa desenvolvida a partir de populações naturais do centro-norte dos EUA. Trinta e três famílias meio-sib e uma chec k foram colhidas em Brookings, SD, em cada um dos meses de outubro de 2011, 2012 e 2013. A produção média anual de biomassa variou de 2183 kg $ha^{-1}$ em 2012 a 8053 kg $ha^{-1}$ em 2013. A produção de biomassa em 2012 foi 87% inferior à de 2012 e 68% inferior à de 2013. O rendimento médio de biomassa da família de meios irmãos ao longo de três anos variou de 3912 a 6784 kg $ha^{-1}$ . Os rendimentos da planta da chávena em Arlington, Wisconsin, foram semelhantes nos três anos (média geral = 8634 kg $ha^{-1}$ ). A massa de aquénio e as caraterísticas dimensionais foram reduzidas em 2012 relativamente a 2011. Sete das 9 principais famílias (i.e., 25 % principais) para a classificação foram comuns aos dois anos. Os aquénios de três famílias foram 21% mais pesados em 2011 e os aquénios de cinco famílias foram 22% mais pesados em 2012 do que uma população de controlo de WI. Todas as famílias de meios irmãos demonstraram plasticidade fenotípica em resposta à variação ambiental anual para a produção de biomassa e caraterísticas associadas. O teor médio de fibra em detergente neutro e fibra em detergente ácido nas 34 entradas foi de 518 g $kg^{-1}$ DM e 407 g $kg^{-1}$ DM, respetivamente. A estimativa da hereditariedade de sentido restrito para a produção de biomassa foi de 0,65. A produção de biomassa da planta da copa destinada à produção de bioenergia no norte das Grandes Planícies pode ser aumentada através da seleção entre famílias de meios irmãos.

# CAPÍTULO 1

## Introdução geral

O governo federal determinou que os EUA reduzissem a sua dependência do petróleo estrangeiro. A abordagem atual para cumprir esse mandato é a produção de etanol a partir de grãos de milho. Em 2012, a produção nacional de etanol a partir de grãos de milho foi de 13,3 mil milhões de galões. No entanto, a Norma para os Combustíveis Renováveis exige a produção de 36 mil milhões de galões de etanol até 2022, sendo 16 mil milhões de galões provenientes de matérias-primas de biomassa celulósica, como a palha de milho e outros resíduos de culturas de cereais, gramíneas perenes, como a switchgrass, e espécies lenhosas, como o choupo híbrido. Atualmente, a maior parte do milho em grão que é vendido para produzir etanol é produzido em terras agrícolas de primeira qualidade, competindo assim diretamente com o milho cultivado para os mercados de alimentos para consumo humano e animal. Este debate entre alimentos e combustíveis para o milho em grão poderia ser largamente eliminado se a produção obrigatória de biocombustíveis fosse efectuada a partir de matéria-prima celulósica produzida em terras marginais não adequadas para o milho ou outras culturas anuais de cereais.

O objetivo da presente investigação é investigar o potencial genético de uma planta nativa da pradaria, a planta da chávena (Silphium perfoliatum L.), para a produção de matéria-prima de biomassa em terrenos marginais no norte das Grandes Planícies. A planta da chávena é uma planta perene alta e nativa da América do Norte (Barkley e McGregor, 1986). Cresce naturalmente do Ontário ao Dakota do Sul, a sul da Geórgia, Mississipi, Missouri e Oklahoma (Barkley e McGregor, 1986; Geoffrey, 1990). Cresce em terrenos arenosos e de fundo húmidos e em planícies aluviais. A planta da Copa inicia o seu ciclo de crescimento durante a primavera, depois de completar a sua vernalização, e cresce rapidamente com uma acumulação máxima de biomassa no final do verão. Investigações recentes no Dakota do Sul e no Wisconsin, na América do Norte, e na Alemanha e na Polónia, na Europa, identificaram o seu potencial para matéria-prima de biomassa celulósica e para bens e serviços ecológicos, como o aumento da biodiversidade e o habitat de polinizadores e fonte de alimento. No entanto, a informação genética disponível é limitada ou inexistente para a conceção de programas de melhoramento genético destinados a aumentar a produção de biomassa e outras caraterísticas agronómicas e de conservação da planta da chávena.

## Referências

Barkley, T. M., e McGregor, R. L. 1986. Flora of the Great Plains. Univ. Pr of Kansas, Kansas.

Geoffrey, S. 1990. Silphium perfoliatum (planta-copa) como nova forragem. p. 33-37 In D.D. Smith e C.A. Jacobs (ed.) Proc. 12th North American Prairie Conference. 5-9 de agosto de 1990, Cedar Falls, IA.

# CAPÍTULO 2

Resumo

Variação genética para a produção de biomassa e outras caraterísticas agronómicas na planta da chávena

(Silphium perfoliatum L.)

A planta da copa (Silphium perfoliatum L.) é uma planta forrageira perene vigorosa, nativa das pradarias húmidas do leste da América do Norte. Os nossos objectivos foram identificar famílias de meios irmãos com uma produção superior de biomassa e determinar a variação genética e a hereditariedade de sentido restrito para a biomassa e outras caraterísticas agronómicas numa população de plantas de copa desenvolvida a partir de populações naturais do centro-norte dos EUA. Trinta e três famílias de meio-sib e um controlo foram colhidos em Brookings, SD, em cada um dos meses de outubro de 2011, 2012 e 2013. A produção média anual de biomassa variou de 2183 kg $ha^{-1}$ em 2012 a 8053 kg $ha^{-1}$ em 2013. A produção de biomassa em 2012 foi 87% inferior à de 2012 e 68% inferior à de 2013. O rendimento médio de biomassa da família de meios irmãos ao longo de três anos variou de 3912 a 6784 kg $ha^{-1}$ . Os rendimentos da planta da chávena em Arlington, Wisconsin, foram semelhantes nos três anos (média geral = 8634 kg $ha^{-1}$ ). Todas as famílias de meios-irmãos demonstraram plasticidade fenotípica em resposta à variação ambiental anual para a produção de biomassa e caraterísticas associadas. Os teores médios de fibra em detergente neutro e fibra em detergente ácido nas 34 entradas foram de 518 g $kg^{-1}$ DM e 407 g $kg^{-1}$ DM, respetivamente. A estimativa da hereditariedade de sentido restrito para a produção de biomassa foi de 0,65. A produção de biomassa da planta de copa destinada à produção de bioenergia no norte das Grandes Planícies pode ser aumentada através da seleção entre famílias de meios irmãos.

## Introdução

A planta da copa (Silphium perfoliatum L.) é um membro alto e vigoroso da tribo Heliantheae da família Asteraceae (Figura 1). É nativa da metade oriental dos EUA e do Canadá, crescendo em terrenos húmidos desde o sul do Ontário até à Carolina do Norte e a oeste das Grandes Planícies e do Arkansas (Barkley e McGregor, 1986). Foi introduzida na Rússia e na Europa como cultura forrageira (Demarquilly e Niqueux, 1978). É uma planta perene que atinge uma altura de 2 m e tem vários rebentos que surgem de rizomas curtos. É fácil de distinguir pelas suas flores amarelas tipo girassol, caules grossos e quadrados e pares opostos de folhas em forma de taça (Geoffrey, 1990). Cresce em terrenos arenosos e de fundo húmidos e em planícies aluviais. As raízes dormentes de inverno podem sobreviver a congelamentos até - $30^0$ C, e a planta é moderadamente tolerante a inundações (Niqueux, 1981). A planta da Copa inicia o crescimento no início da primavera, depois de completar a sua vernalização, e cresce rapidamente, com uma acumulação máxima de biomassa no final do verão.

A planta da Copa pode ser usada como forragem e como planta apícola, e tem matéria-prima valiosa para produtos farmacêuticos e potenciais usos de bioenergia (Kowalski, 2004). Aumenta a biodiversidade nas comunidades vegetais e melhora o embelezamento. Vários autores referiram que a planta da chávena produz quantidades consideráveis de biomassa e pode ser utilizada para biogás e bioenergia, podendo também servir como cultura de silagem alternativa ao milho (Zea mays L.) (Albrecht e Goldstein, 1997; Lehmkuhler et al., 2007; Pichard, 2012). Albrecht e Goldstein (1997) referiram que as populações naturais da planta da chávena podiam produzir rendimento e qualidade de forragem semelhantes aos da luzerna. Também referiram que a planta da chávena tolerava condições húmidas no inverno e na primavera a que a luzerna *(Medicago sativa* L.) não conseguia sobreviver.

Lehmkuhler et al. (2007) relataram que a utilização da planta de copa como cultura forrageira oferece uma oportunidade para restabelecer a vegetação nativa em paisagens agrícolas. A silagem de planta de copa pode ser utilizada como forragem alternativa em dietas de gado de corte e pode ser incorporada com sucesso como um componente da dieta ou ser alocada a animais com menores exigências energéticas. Han et al. (2000) e Lehmkuhler et al. (2007) relataram que a planta de copa tinha baixa concentração de matéria seca na colheita e a composição química da silagem de copa foi afetada pelo teor de matéria seca na ensilagem.

Fr^czek et al. (2011) e Pilat et al. (2007) afirmaram que a planta da chávena pode crescer em solos de baixa fertilidade, em alguns casos restaurando solos degradados. Kowalski e Wolski (2003) referiram que as folhas, inflorescências e rizomas contêm ácidos fenólicos como o cafeico, p-cumárico, ferúlico, protocatecuico, p-hidroxibenzóico, vanílico e clorogénico, tanto na forma livre como ligada.

As gramíneas perenes são geralmente a matéria-prima preferida para a produção de biomassa herbácea em regiões temperadas, onde são o ecossistema dominante; no entanto, a planta da chávena pode ser uma excelente espécie complementar porque cresce em pradarias baixas e húmidas que não são adequadas para culturas convencionais (Boe, dados não publicados). Investigações recentes na Europa revelaram que o rendimento da biomassa da planta da chávena é promissor do ponto de vista da produção de bioenergia (Frqczck et al., 2011; Siaudinis et al., 2012). No entanto, até à data, não existe um estudo pormenorizado da variação genética para a produção de biomassa e caraterísticas relacionadas em populações de plantas de copa adaptadas às regiões norte das Grandes Planícies e do Midwest dos EUA. Portanto, os objectivos deste estudo foram: (i) identificar famílias de meios-irmãos de plantas de copa com rendimento superior de biomassa para uso potencial no desenvolvimento de cultivares para fins de bioenergia e conservação; e (ii) estimar a variação genética, a herdabilidade de sentido restrito e as associações genéticas para biomassa e outras caraterísticas agronómicas numa população de plantas de copa desenvolvida a partir de populações naturais do centro-norte dos EUA.

## Material e métodos

A experiência de campo foi realizada na Fazenda Felt da Estação Experimental da Universidade Estadual de Dakota do Sul (440 19' N e 960 42' W e 504 metros acima do nível do mar), com precipitação média anual de 582 mm e temperatura máxima e mínima de 23,8$^0$ C e 8$^0$ C, respetivamente. O solo era Mclnotsh-Badger silty clay loam (argiaquolls finos, esmectíticos, frigid veric). Os dados meteorológicos para cada uma das estações de crescimento de 2011, 2012 e 2013 são apresentados na Tabela 1.

Trinta e três famílias de meios irmãos (codificadas como F1-F33) foram desenvolvidas a partir de um isolamento policruzado de pais que eram descendentes de plantas de polinização aberta de populações naturais de Minnesota (MN) e Illinois (IL). A partir de sementes plantadas em casa de vegetação, mudas de copa cultivadas por 3 meses em recipientes tipo cone (Stuewe, Inc, Corvallis, OR) foram transplantadas em um espaçamento de 0,4 m entre fileiras em um delineamento de blocos completos aleatórios com três repetições de parcelas de fileira única compostas por 6 plantas (1,46 m de comprimento com 0,9 m entre fileiras) em Brookings, em junho de 2010. Os dados foram registados para as 33 famílias de meios-irmãos e uma entrada de controlo (uma população selecionada desenvolvida por K.A. Albrecht, Universidade de Wisconsin, Madison, a partir de uma população natural no Wisconsin) em 2011, 2012 e 2013. O controlo de ervas daninhas foi feito à mão e por rototilling, conforme necessário, entre 2010 e 2013. O fertilizante não foi aplicado durante 2010-2012. Em maio de 2013, 90 kg de N ha$^{-1}$ foram aplicados na área experimental. As parcelas (biomassa a granel das 4 plantas localizadas no centro) foram colhidas à mão com uma faca de arroz a uma altura de restolho de cerca de 10 cm uma vez por ano durante o final de setembro de 2011, 2012 e 2013. O peso fresco foi medido no campo aquando da colheita. As amostras de humidade foram secas a 60° C durante 72 h para determinação da matéria seca. Para cada uma das 4 plantas centralmente localizadas em cada linha, a área da coroa (tomada a meia altura da planta) e o número de entrenós$^{-1}$ foram tomados na primeira fase de floração, enquanto a altura da planta foi tomada na fase de floração completa. A massa de rebentos$^{-1}$ para cada parcela foi determinada a partir da produção de biomassa e do número total de rebentos da parcela$^{-1}$ . O número de rebentos m$^{-2}$ também foi determinado a partir do número total de rebentos da parcela$^{-1}$ .

Uma experiência semelhante foi conduzida durante o mesmo período em Arlington, Wisconsin, em 2011, 2012 e 2013. Foram utilizadas trinta e três famílias e a experiência consistiu em sete plantas por linha familiar num desenho de blocos completos aleatórios com três réplicas de linhas simples com plantas em centros de 0,9 m. O solo em Arlington era um Plano silt loam (Fine, superactive, mesic Typic Argiudolls). A produção de biomassa foi a única caraterística medida em

Arlington. As parcelas foram colhidas com um cortador de milho entre o final de agosto e o início de setembro de 2011, 2012 e 2013. Os pesos húmidos foram medidos no campo e as concentrações de matéria seca foram determinadas conforme descrito para Brookings.

A composição química foi efectuada na biomassa de cada uma das 33 famílias e do controlo colhido em 2012 em Brookings. As amostras foram secas ao ar durante um período de dois meses e moídas num moinho Wiley (Thomas-Wiley Mill Co., Filadélfia, PA) e depois moídas de novo até ficarem uniformes num moinho de impacto Udy-cyclone com uma peneira de 1 mm. As concentrações de fibra em detergente neutro (FDN) e fibra em detergente ácido (FDA) foram determinadas com um analisador de fibras ANKOM 200 (ANKOM Technology, 2003a, 2003b). A concentração de lenhina em detergente ácido (ADL) foi determinada utilizando um Digestor Daisy Incubator II (ANKOM Technology). Para a análise de cada família, foram utilizadas três amostras replicadas de biomassa moída.

Foram efectuadas análises de variâncias para determinar os efeitos genéticos e ambientais utilizando o procedimento de modelos lineares no Statistix 9 (Analytical Software, 2009) e SAS V9.3. Todos os efeitos foram considerados aleatórios. Os testes F foram efectuados de acordo com os quadrados médios esperados (Satterthwaite, 1946). As diferenças entre pares de médias de famílias foram testadas pelo método LSD. As estimativas de hereditariedade de sentido restrito foram determinadas de acordo com Nguyen e Sleper (1983). Os coeficientes de correlação fenotípica e genética foram estimados utilizando o procedimento descrito por Hallauer e Miranda (1988). A regressão linear foi utilizada para determinar as relações entre a produção de biomassa e a massa de rebentos$^{-1}$ , rebentos m$^{-2}$ , altura da planta, área basal e número de entrenós$^{-1}$ .

A plasticidade fenotípica foi determinada a partir da avaliação de famílias de meios-irmãos durante três anos em Brookings. Um quadrado médio família x ano significativo indicou variação genética para plasticidade fenotípica ao nível da família (Via, 1993). A diferença entre as médias anuais foi testada por LSD a P = 0,05.

## Resultados

Foram encontradas diferenças significativas entre anos e entre famílias para seis caraterísticas agronómicas/morfológicas (Quadro 2). As famílias de meios irmãos diferiram para todos os seis caracteres, indicando uma variância genética aditiva significativa nesta população (Tabelas 2 e 3). No entanto, a interação família x ano também foi significativa para todos os caracteres medidos (Quadro 2). Por conseguinte, foram efectuadas análises de variância separadas para cada um dos três anos, ou seja, 2011, 2012 e 2013 (Quadro 3). A análise de variância interanual (Tabela 2) foi utilizada para gerar componentes de variância para o cálculo das estimativas de herdabilidade de sentido restrito.

A produção de biomassa em 2012 foi 87% inferior à de 2011 e 68% inferior à de 2013 (Fig. 2). Os 25% mais bem classificados das 33 famílias eram semelhantes entre si na produção de biomassa em 2011 (Quadro 4). Em 2012, havia quatro grupos de famílias significativamente diferentes entre os 25% mais bem classificados. Em 2013, não se registaram diferenças entre as médias dos 65% das famílias com melhor classificação (Quadro 4).

As médias das famílias para o rendimento de biomassa variaram de 4686 kg $ha^{-1}$ , 7507 kg $ha^{-1}$ , 1395 kg $ha^{-1}$ a 3421 kg $ha^{-1}$ , e de 5013 kg $ha^{-1}$ a 10475 kg $ha^{-1}$ em 2011, 2012 e 2013, respetivamente (Tabela 4). Oito famílias tiveram um rendimento significativamente maior do que o controlo em cada ano (Tabela 4). Em média, essas oito famílias foram 18% mais altas em 2011, 9% mais altas em 2012 e 86% mais altas em 2013 para o rendimento de biomassa em comparação com o controlo. Do mesmo modo, a família com maior rendimento produziu 60% mais biomassa em 2011, 27% mais biomassa em 2012 e 21% mais biomassa em 2013 do que a família com menor rendimento. As famílias mais bem classificadas, em média ao longo dos anos, foram F7 (classificação média = 3,0), F23 (classificação média = 4,7) e F3 (classificação média = 5,0) (Tabela 4).

As médias das 34 entradas (33 famílias e um controlo) para a massa de $rebentos^{-1}$ variaram de 13,6 g a 31,3 g , de 4,7 g a 11,1 g , e de 11 g a 27.5 g em 2011, 2012 e 2013, respetivamente (Tabela 4); os rebentos $m^{-2}$ variaram de 19 a 35, de 24 a 33, e de 33 a 50; a altura da planta variou de 147 cm a 195 cm, de 62 cm a 88 cm, e de 106 cm a 142 cm; a área da copa variou de 1805 $cm^{-2}$ a 3957 $cm^{-2}$ , de 1179 $cm^{-2}$ a 2410 $cm^{-2}$ , e de 1585 $cm^{-2}$ a 2539 $cm^{-2}$ ; e o número de entrenós de $rebentos^{-1}$ variou de 6 a 10, de 4 a 7, e de 5 a 9. As médias de altura de planta, área de copa e número de $entrenós^{-1}$ em cada ano mostraram que as famílias com melhor desempenho não foram as mesmas nos três anos (Tabela 5). No entanto, F7 e F10 foram consistentemente bem classificadas para a massa de $rebentos^{-1}$ , F23 e F31 foram consistentemente bem classificadas para a altura da planta, F18 foi consistentemente bem classificada para a área da copa, e F3 e F18 foram consistentemente bem classificadas para o número de $entrenós^{-1}$ . Em média, nos três anos, sete famílias produziram maior rendimento de biomassa do que o controlo (Tabela 6). Para os outros cinco traços, cinco famílias para a altura da planta e 33 famílias para o número de entrenós do $rebento^{-1}$ tiveram médias significativamente mais elevadas do que o controlo (Quadro 6).

Foram observadas diferenças no número de dias após 1 de abril até à floração entre as famílias (ANOVA não apresentada). As médias das famílias variaram de 88 a 101 dias. A família 21 e o controlo floresceram mais cedo do que as famílias com floração mais tardia (F3 e F26). Não foi observada nenhuma incidência grave de doenças durante os três anos do estudo. No entanto, a traça da planta da chávena (Eucosma giganteana) infestou os meristemas vegetativos e florais em todas as famílias durante a época de crescimento de 2012. A ocorrência esporádica de um pulgão (Uroleucon ambrosiae) foi observada em 2013, sem danos perceptíveis. Não se registou qualquer problema de acamamento em nenhuma das famílias durante os três anos.

As estações de crescimento em Arlington, Wisconsin, em 2011 e 2013, foram húmidas e frescas em comparação com 2012 (Tabela 7). Efeitos altamente significativos de família e família x ano foram encontrados em Arlington (Tabela 8).

As médias das sete principais famílias variaram de 9504 kg $ha^{-1}$ a 11269 kg $ha^{-1}$ e essas sete famílias produziram 43% mais biomassa do que as sete famílias com classificação mais baixa. Foram observadas diferenças significativas entre as famílias em 2011 e 2013; ao passo que, em 2012, foram encontradas diferenças entre as famílias ao nível de 0,07 (Tabela 8).

Em Arlington, uma população selecionada desenvolvida pelo Dr. Ken Albrecht a partir de um cruzamento entre um ecótipo do Wisconsin e um ecótipo do Arkansas foi incluída no estudo genético. A população selecionada produziu mais biomassa (15144 kg $ha^{-1}$ ) do que qualquer das famílias de meios-irmãos, tendo 35 % mais rendimento do que a família de meios-irmãos com maior rendimento.

Os coeficientes de correlação genética e fenotípica são apresentados na Tabela 9. A produção de biomassa apresentou uma correlação positiva significativa, tanto a nível fenotípico como genético, com a massa de $rebentos^{-1}$ (Figura 3), a altura da planta (Figura 4), a área da copa e o número de entrenós do $rebento^{-1}$ .

A massa de $rebentos^{-1}$ apresentou uma correlação negativa mas significativa com os rebentos $m^{-2}$ enquanto as suas relações com a altura da planta, a área da copa e o número de $entrenós^{-1}$ foram positivas. A altura da planta apresentou uma correlação positiva e significativa com a área basal e o número de entrenós do $rebento^{-1}$ . Também se registou uma correlação positiva entre a área basal e o número de lançamentos de $entrenós^{-1}$ .

As estimativas de hereditariedade de sentido restrito para a população composta por 33 famílias de meios-irmãos são apresentadas na Tabela 10. Estimativas moderadas de herdabilidade foram obtidas para a produção de biomassa (0,65), massa de $brotos^{-1}$ (0,56), brotos $m^{-2}$ (0,63) e altura da planta (0,52), enquanto um valor ligeiramente mais alto ocorreu para a área da copa (0,72). A resposta à seleção (SR) foi calculada para 15% das intensidades de seleção com base na família como unidade de seleção (Tabela 10).

Registaram-se fortes relações lineares entre a produção de biomassa e a massa de $rebentos^{-1}$ e a altura das plantas (Quadro 11, Figuras 3 e 4). A relação linear entre a idade do povoamento e os rebentos $m^{-2}$ ao longo de três anos foi elevada (Figura 5). A tendência geral para as 34 entradas mostrou um número crescente de rebentos $m^{-2}$ de 2011 a 2013.

As médias gerais dos teores de FDN e ADF nas 34 entradas foram de 518 e 407 g $kg^{-1}$ DM, respetivamente. As famílias foram significativamente diferentes para a média de NDF e ADF (Tabela 12). A gama de médias familiares para o NDF variou de 448 a 589 g $kg^{-1}$ e de 350 a 453 g $kg^{-1}$ para o ADF (Quadro 12). As famílias 30, 3, 28, 5 e 7 apresentaram os teores mais elevados de FDN e

ADF, 567,5 e 439,9 g $kg^{-1}$ DM, respetivamente; enquanto as famílias 11, 20, 9, 31 e 22 apresentaram os teores mais baixos, 468,5 e 368,5 g $kg^{-1}$ DM, respetivamente. Enquanto isso, o conteúdo médio de ADL para 34 entradas foi de 51,8 g $kg^{-1}$ DM.

As famílias também foram significativamente diferentes para o ADL médio (Tabela 11). Os valores médios das famílias para a lignina em detergente ácido variaram de 31,7 a 79,6 g $kg^{-1}$ DM. As famílias19, 14, 8, 7 e 13 apresentaram o maior teor de lignina, 69 g $kg^{-1}$ DM, enquanto os teores de ADL das Fs2, 25, 1, 26 e 21 foram menores, 39 g $kg^{-1}$ DM.

A magnitude da plasticidade fenotípica para cada caraterística ao longo de três anos foi determinada usando a análise de variância (ANOVA). A relação família x ano foi significativa para todas as caraterísticas medidas (Quadro 2) e todas as famílias foram plásticas em resposta à variação ambiental anual para a produção de biomassa, massa do $rebento^{-1}$ , rebento $m^{-2}$ , altura da planta e número de entrenós do $rebento^{-1}$ . Para a área da copa, todas as famílias, exceto três, foram fenotipicamente plásticas (Quadros 13 e 14).

## Discussão

A população de plantas da chávena utilizada para o presente estudo foi composta por 33 famílias de meios-irmãos acasalados ao acaso, em comparação com um controlo. As famílias de meios irmãos foram derivadas de polinização aberta entre um total de 44 genótipos originalmente derivados de pais de populações naturais recolhidas em MN e IL.

Os nossos resultados demonstraram uma ampla variação genética entre famílias de meios irmãos para a produção de biomassa e outras caraterísticas avaliadas, sugerindo efeitos genéticos aditivos significativos na expressão destas caraterísticas.

A média da produção de biomassa em cada estação de crescimento (ano) mostrou que as famílias com melhor desempenho (ou seja, os 25% melhores) eram praticamente as mesmas (ou seja, 8 de 9 famílias) em 2011 e 2012.

No entanto, o número de famílias que se encontravam entre os 25% melhores em termos de produção de biomassa, tanto em 2012 como em 2013, era de quatro. Cinco famílias tiveram um bom desempenho nos $4^{th}$ anos (contando o ano de transplante) do estudo. Estas famílias têm um valor significativo devido ao que parece ser a resiliência para recuperar de uma seca severa em 2012 e produzir grandes quantidades de biomassa em 2013, apesar de não terem ficado entre os 25% melhores em 2011 e 2012.

A quantidade e distribuição da precipitação durante um período crítico de crescimento (junho e julho) foi mais elevada e mais favorável em 2011 (191 mm) e 2013 (206 mm) em comparação com 2012 (74 mm). A produtividade severamente reduzida em 2012 pode ser atribuída à ocorrência de seca prolongada e alta temperatura durante o meio da estação de crescimento. Observámos que as plantas estavam severamente stressadas durante junho e julho de 2012. Por outro lado, as maiores produções de biomassa durante 2011 e 2013 foram em resposta à precipitação abundante ao longo do ciclo de crescimento.

Os aumentos de biomassa em 2013, após a seca ocorrida em 2012, indicaram que esta população de plantas de copa possuía resiliência na recuperação do stress severo da seca.

As diferenças entre as estações de crescimento no que respeita à quantidade e à distribuição da precipitação proporcionaram uma excelente oportunidade para avaliar esta população de plantas de chávena em resposta à variação da precipitação que ocorreu em três anos. Uma vez que a quantidade e a distribuição da precipitação não são consistentes de ano para ano no norte das Grandes Planícies, é necessário desenvolver cultivares que se ajustem às mudanças ambientais temporais. A seca prolongada durante o verão de 2012 afectou gravemente o desempenho de todas as famílias. Consequentemente, o rendimento médio de biomassa foi < 50 % do rendimento de biomassa em 2011 e 2013. Também houve variação de temperatura entre os anos, sendo 2012 mais quente que 2011 e 2013. As diferenças na precipitação anual e nas temperaturas entre os três anos provavelmente contribuíram para as interações ano x família para caraterísticas morfológicas. A diversidade entre as famílias para respostas ambientais ao longo de três anos sugeriu que a seleção para a produção de biomassa nesta população de plantas de copa poderia ser influenciada pelo ambiente alvo específico, com base na precipitação e nas respostas de famílias individuais.

A maior produção de biomassa em WI em relação a SD provavelmente refletiu o solo, a precipitação e a temperatura mais favoráveis em Arlington em comparação com Brookings. No entanto, os espaçamentos das plantas foram diferentes nos dois locais, com uma alocação de espaço de 0,4 $m^{-2}$ por planta em Brookings em comparação com 0,8 $m^{-2}$ por planta em Arlington. Portanto, a comparação de locais para a produção de biomassa é confundida por diferentes espaçamentos de plantas.

Os coeficientes de correlação genética foram mais elevados do que os coeficientes de correlação fenotípica correspondentes. A forte correlação fenotípica e genotípica da produção de biomassa com a massa de rebentos$^{-1}$ e a altura da planta foram consistentes com o que Sahai et al. (2013) relataram para a ervilha-de-corda. Também foram encontradas correlações genéticas significativas e positivas para a produção de biomassa com a área da copa e o número de entrenós de rebentos$^{-1}$ .

Resultados semelhantes foram relatados por Smart et al. (2004), onde os estudos de correlação revelaram uma associação positiva e significativa entre a produção de biomassa e a área basal e o número de entrenós do perfilho$^{-1}$ em gramíneas perenes. As fortes correlações genéticas entre a produção de biomassa e as caraterísticas morfológicas não são surpreendentes, uma vez que se esperam efeitos pleiotrópicos para qualquer par de caraterísticas que tenham influência no tamanho do órgão. Este estudo sugere, portanto, que a massa do rebento$^{-1}$ , a altura da planta, a área da copa e os entrenós do rebento$^{-1}$ podem ser úteis como critérios de seleção indirectos para melhorar a produção de biomassa nesta população de plantas de copa.

Uma forte correlação positiva entre a massa de rebentos$^{-1}$ e o número de entrenós de rebentos$^{-1}$ foi semelhante à de Tef [Eragrostis tef (Zucc.) Trotter] Plaza et al. (2013). As correlações fenotípicas e genéticas negativas e significativas da massa de rebentos$^{-1}$ com rebentos m$^{-2}$ são um resultado comum da compensação/troca de rendimento na produção de biomassa e sementes.

Os resultados deste estudo sugerem a necessidade de realizar mais experiências para determinar as densidades de plantação ideais para maximizar a produção de biomassa na planta da chávena. Os nossos resultados mostraram uma forte relação entre a produção de biomassa e a massa de rebentos$^{-1}$ .

Uma forte regressão linear positiva para os rebentos m$^{-2}$ ao longo dos anos mostrou que a planta da chávena se reproduziu vegetativamente em resposta à densidade original da planta da chávena que foi fornecida como parte do desenho experimental em Brookings. Sanderson e Reed (2000) relataram que o número de perfilhos de switchgrass por planta aumentou diretamente com o espaçamento entre plantas. No entanto, em Brookings, as plantas em taça foram transplantadas em fileiras estreitas com o mesmo espaçamento. Shoots m$^{-2}$ é rapidamente determinado no campo, mas a sua pequena correlação positiva com a produção de biomassa torna-o de baixo potencial como um critério de seleção indireto.

As estimativas da variação genética hereditária numa população reprodutora são úteis para os criadores desenvolverem estratégias de seleção eficazes. A hereditariedade de sentido restrito para a produção de biomassa obtida a partir de componentes de variância neste estudo foi de 0,65. Estimativas moderadas semelhantes de hereditariedade também foram encontradas para a massa de rebentos$^{-1}$ , rebentos m$^{-2}$ , altura da planta e número de entrenós de rebentos$^{-1}$ .

Os valores de hereditariedade da maioria das caraterísticas associadas à produção de biomassa revelaram que estas caraterísticas são poligénicas governadas por variância aditiva, sugerindo um forte potencial de melhoramento genético para estas caraterísticas através da seleção entre famílias. As nossas estimativas estão de acordo com o que Boe e Lee (2007) relataram para a biomassa em switchgrass. Do mesmo modo, Aguera et al. (1998) registaram uma hereditariedade moderada para o vigor precoce e a biomassa nas primeiras fases de desenvolvimento do girassol em ambientes com limitações hídricas. Miller et al. (1980) e Alza e Fernandez-Martinez (1997) encontraram estimativas de herdabilidade elevadas para a biomassa total do girassol. As estimativas de hereditariedade para a biomassa neste estudo estão dentro de um intervalo relatado para a maioria das forragens perenes e culturas de biocombustíveis, por exemplo, (Boe e Lee, 2007). As estimativas de herdabilidade para biomassa e outros traços neste estudo foram reduzidas até certo ponto, pela mudança nas classificações das famílias em 2012, o ano de seca, em comparação com 2011 e 2013. Em geral, os resultados para o rendimento de biomassa, componentes de rendimento e outros atributos indicaram que a ação gênica aditiva influenciou a expressão dessas caraterísticas. Boe e Lee (2007) e Rose et al. (2008) reconheceram que a genética desempenha um papel crítico na determinação do rendimento de biomassa e dos seus componentes em culturas herbáceas perenes para biocombustíveis.

Com base nos resultados deste estudo de três anos, determinei que os 15% melhores das famílias, em média nos três anos, para a produção de biomassa seriam bons progenitores para serem utilizados num programa de melhoramento. Deverá ser possível obter ganhos com a seleção para a biomassa e outras caraterísticas, uma vez que as estimativas de hereditariedade são superiores a 0,50. Isto sugere que a produção de biomassa pode ser melhorada na planta da copa através da seleção para a produção per se ou indiretamente para a massa de rebentos$^{-1}$ , rebentos $m^{-2}$ , altura da planta, área da copa e número de entrenós$^{-1}$ .

Neste estudo, as Famílias 31, 7, 5, 23, 11 e 3 apresentaram altos rendimentos de biomassa e caraterísticas associadas desejáveis em cada ano, bem como uma média entre os anos. No entanto, tal como Johnson et al. (1955) referiram, a resposta à seleção é, em última análise, mais útil do que as estimativas de hereditariedade para obter progressos a partir da seleção.

Com base em um único ano de dados, a grande variação entre 34 entradas para NDF, ADF e ADL ofereceu um potencial cauteloso para melhoria direcionada.

Resultados semelhantes relatados por Albrecht e Goldstein (1997) indicaram variabilidade genética significativa para concentração de fibra entre três populações de plantas de copa. Pilat et al. (2007) relataram diferenças significativas entre acessos de plantas de copa coletados em quatro áreas diferentes para o conteúdo de NDF e ADF. Com base na composição da parede celular (NDF, ADF e ADL), F28, F17, F2 e F21 apresentaram NDF e ADF relativamente altos (celulose e hemicelulose) e baixo teor de ADL.

Isto sugere que estas quatro famílias tinham a qualidade de matéria-prima desejada do ponto de vista do biocombustível. Isto coincide com o conceito de que os teores máximos de NDF e ADF são importantes a considerar quando se avaliam espécies para a qualidade do biocombustível, porque estimam os hidratos de carbono estruturais fermentáveis para o etanol celulósico (Karn et al., 2006). A diminuição da ADL (lignina) é, portanto, desejável para a produção de bioetanol. Em geral, o esforço de melhoramento de plantas de copa deve concentrar-se numa maior produção de biomassa, mas a variação genética para a composição da parede celular também pode ser tida em consideração.

Diferenças significativas na plasticidade das famílias para biomassa e outros traços revelaram diferenças geneticamente baseadas em resposta à variação ambiental. A natureza altamente plástica e fenotípica da planta da copa foi evidente a partir de fortes respostas em caraterísticas como produção de biomassa, massa de rebentos$^{-1}$ , rebentos $m^{-2}$ , altura da planta, área da copa e número de entrenós de rebentos$^{-1}$. Isto sugeriu que as famílias responderam de forma diferente à variação da precipitação e da temperatura ao longo de três anos, o que incluiu um stress prolongado de seca durante 2012. Isso destaca a necessidade de desenvolver cultivares que possam ter maior tolerância à seca. Makaju et al. (2013) sugeriram que a quantidade de precipitação e a distribuição sazonal são factores importantes que limitam a produção de biomassa em switchgrass. Os nossos resultados confirmam, de um modo geral, a sugestão de que a precipitação é o principal fator que determina a produtividade da planta da taça, pelo menos neste estudo.

No entanto, várias famílias actuais mostraram um excelente potencial para recuperar rapidamente do stress da seca na estação de crescimento que se seguiu. Em outras palavras, este resultado apoia a visão de plasticidade enfatizada por Makaju et al., (2013) que a expressão fenotípica é o resultado da interação de fatores genéticos e ambientais particulares. Os padrões de expressão fenotípica das famílias ao longo de três anos (normas de reação) foram diferentes, o que mostrou variação genética para plasticidade fenotípica. A variação genética entre famílias para a plasticidade fenotípica pode ser útil para desenvolver cultivares de plantas de chávena mais adaptadas.

## Conclusão

Este estudo de 3 anos de uma única população de planta em forma de taça no leste do Dakota do Sul produziu informações importantes sobre a sua biologia, morfologia, genética, plasticidade e potencial para a produção de bioenergia.

Em primeiro lugar, esta investigação forneceu as primeiras estimativas de variação genética para a produção de biomassa a longo prazo para uma forragem nativa perene não leguminosa no norte das Grandes Planícies. Estas estimativas indicaram que as famílias superiores da planta da chávena eram competitivas com as gramíneas perenes de estação quente, como a switchgrass, na produção de biomassa.

A comparação direta da planta da chávena com gramíneas perenes não era um objetivo deste estudo, no entanto, esse trabalho foi feito em simultâneo, e esta população de planta da chávena produziu tanta ou mais biomassa do que a switchgrass em vários locais em cada um dos estados de SD e WI durante um período de três anos (Boe e Albrecht dados não publicados).

Esta investigação também demonstrou que uma população de plantas de copa com origem em IL e MN estava bem adaptada ao Dakota do Sul oriental e que um único sistema de colheita de biomassa no início do outono promovia uma elevada persistência (ou seja, a sobrevivência das plantas) indicada pelo aumento da densidade de rebentos ao longo de um período de 3 anos e a resiliência pela recuperação demonstrada da produção de biomassa no ano seguinte a uma seca grave.

Em segundo lugar, esta investigação forneceu a informação genética para desenvolver uma estratégia de melhoramento para o desenvolvimento de uma cultivar de primeira geração, destinada à produção de bioenergia no norte das Grandes Planícies, a partir desta população. Também identificou traços morfológicos que podem ser úteis para critérios de seleção, se a seleção para biomassa per se não for bem sucedida.

Referências

Aguera, F., F.Villalobos, F. Orgaz Rosua, e J.M. Fernandez Martinez. 1998. Resposta à seleção divergente para vigor precoce em girassol (Helianthus annuus L.). Aust. J. Agric. Res 49:749 - 756.

Albrecht, K. A., e W. Goldstein. 1997. Silphium perfoliatum: Uma planta da pradaria norte-americana com potencial como cultura forrageira. In: Proc. XVIII Congresso Internacional de Pastagens.

Alza, J., e J. Fernandez-Martinez. 1997. Análise genética da produção e caraterísticas relacionadas no girassol (Helianthus annuus L.) em ambientes de sequeiro e irrigado. Euphytica 95: 243-251.

Barkley, T. M., e R.L. McGregor. 1986. "Flora of the great plains" Univ Pr of Kansas, Kansas.

Boe, A., e D. Lee. 2007. Genetic variation for biomass production in prairie cordgrass and switchgrass. Crop Sci. 47:929-934.

Demarquilly, C., e M. Niqueux. 1978. Uma nova planta perene para silagem, Silphium perfoliatum L. Bulletin Technique, Centre de Recherches Zootechniques et Veterinaires de Theix 34: 25-30.

Fr^czck, J., K. Mudryk, e M. Wrobel. 2011. Planta de copa *Silphium perfoliatum* L. fonte de biomassa para a produção de biocombustível. Inzynieria Rolnicza, 131.

Geoffrey, S. 1990. Silphium perfoliatum (planta-da-copa) como nova forragem. p. 33-37 In D.D Smith e C.A. Jacobs (ed.) Proc. 12$^{th}$ NorthAmerican Prairie Conference. 5-9 de agosto, Cedar Falls, IA.

Hallauer, A. R., e J.B Miranda. 1988. Genética quantitativa no melhoramento do milho. 2$^{nd}$ ed. Iowa State University Press, Ames, IA.

Han, K., K. A. Albrecht, R. Muck, e D. Kim. 2000. Efeito da humidade nas caraterísticas de fermentação da silagem de planta de chávena. Asian-Aust. J. Ani. Sci. 13:636-640.

Johnson, H. W., H. Robinson e R. Comstock. 1955. Estimates of genetic and environmental variability in soybeans (Estimativas da variabilidade genética e ambiental da soja). Agron. J. 47:314-318.

Karn, J., J. Berdahl, e A. Frank. 2006. Qualidade nutritiva de quatro gramíneas perenes afetada pela espécie, cultivar, maturidade e tecido vegetal. Agron. J. 98:1400-1409.

Kowalski, R. 2004. Crescimento e desenvolvimento de Silphium integrifolium nos primeiros 3 anos de cultivo. New Zealand journal of crop and horticultural science 32:389-395.

Kowalski, R., e T. Wolski. 2003. Avaliação do teor de ácidos fenólicos nas folhas, inflorescências e rizomas de Silphium perfoliatum L. EJPAU, Ser. Hort 6.

Lehmkuhler, J. W., M.H. Ramos, e K.A. Albrecht. 2007. Cup-plant silage as a replacement for corn silage in growing beef cattle diets. Online. Forage and Grazinglands doi: 10, 1094/FG-2007-1107-01-RS

Makaju, S., Y. Wu, H. Zhang, V. Kakani, C. Taliaferro e M. Anderson. 2013. Rendimento de inverno do switchgrass, concentrações elementares durante todo o ano e nutrientes do solo associados em um ambiente de entrada zero. Agron. J. 105:463-470.

Miller, J., J. Hammond, e W. Roath. 1980. Comparação de testadores consanguíneos versus testadores de cruzamento único e estimativa de efeitos genéticos no girassol. Crop Sci. 20: 703-706.

Nguyen, H.T., e D.A. Sleper. 1983. Teoria e aplicação do acasalamento de meios irmãos no melhoramento de gramíneas forrageiras. Theor. Appl.Genet. 64:187-196.

Niqueux, M. 1981. Uma nova planta forrageira: Silphium perfoliatum L. (Compositae; uma nova cultura forrageira francesa, valor alimentar). Forragens.

Pichard, G. 2012. Manejo, produção e caraterísticas nutricionais da planta de copa (Silphium perfoliatum) em climas temperados do sul do Chile. Cienc. Inv. Agr 39:61-77.

Piiat, J., W. Majtkowski, G. Majtkowska, J. Mikolajczak, e A. Goralska. 2007. A utilidade para a ensilagem de formas vegetais escolhidas de espécies do género silphium. J. Eur. Agr. 8:363-368.

Plaza, W. S., C. Gina, e T. Zerihun. 2013. Diversidade genética e fenotípica em genótipos selecionados de tef [Eragrostis tef (Zucc.) Trotter]. Afr. J. Agr. Res.8:1041-1049.

Rose, L. W., M. K. Das, e C.M. Taliaferro. 2008. Estimativa da variabilidade genética e da hereditariedade para a produção de matéria-prima para biocombustível em várias populações de switchgrass. Ann. Appl. Boil. 152:11-17.

Sahai, G., D. Malaviya, e U. Singh. 2013. Associação de caraterísticas morfológicas com a produção de forragem e sementes em Vigna unguiculata (L.). J. Environ. Biol. 34 (1):139-145

Sanderson, M.A., e R.Reed. 2000. Switchgrass growth and development: water, nitrogen, and plant density effects. J. Range Manage 53:221-227.

Satterthwaite, F. E. 1946. Uma distribuição aproximada de estimativas de componentes de variância. Biometrics 2:110-114.

Siaudinis, G., A. Jasinskas, A. Slepetiene, e D. Karcauskiene. 2012. A avaliação da biomassa e da produtividade energética da artemísia comum (Artemisia vulgaris L.) e da planta da chávena (Silphium perfoliatum L.) em Albeluvisol. Zemdirbyste (Agricultura). 99:357-362.

Smart, A. J., L.E Moser, e K.P Vogel. 2004. Caraterísticas morfológicas de plantas de capim-azul grande e capim-mombaça divergentemente selecionadas para o número de perfilhos de plântulas. Crop sci. 44: 607-613.

Via, S. 1993. Plasticidade fenotípica adaptativa: Alvo ou subproduto da seleção num ambiente variável? Am. Nat.142:352-365.

Tabela 1. Dados de precipitação e temperatura durante as estações de crescimento em Brookings, Dakota do Sul (abril a setembro, 2010, 2011, 2012 e 2013)

| Month | Rain fall (mm) | Temperature (°C) Max | Min | Average |
|---|---|---|---|---|
| | | 2010 | | |
| April | 31.5 | 17.4 | 4.0 | 10.8 |
| May | 55.9 | 19.4 | 7.4 | 13.7 |
| June | 201.9 | 24.4 | 13.6 | 19.1 |
| July | 134.4 | 27.5 | 16.7 | 22.3 |
| August | 120.7 | 28.3 | 17.3 | 22.6 |
| September | 187.7 | 20.2 | 9.0 | 14.4 |
| | | 2011 | | |
| April | 32.8 | 10.4 | 0.8 | 5.6 |
| May | 110.7 | 18.8 | 7.2 | 13.1 |
| June | 84.8 | 24.3 | 13.7 | 18 |
| July | 106.2 | 29.7 | 18.8 | 24.3 |
| August | 34.3 | 26.6 | 13.8 | 20.6 |
| September | 1.8 | 21.4 | 7.0 | 14.3 |
| | | 2012 | | |
| April | 58.9 | 15.5 | 3.2 | 9.3 |
| May | 161 | 21.6 | 9.6 | 15.8 |
| June | 43.4 | 27.4 | 14.5 | 21.3 |
| July | 31.2 | 31.6 | 18.9 | 25.3 |
| August | 50.3 | 27.1 | 13.3 | 20.1 |
| September | 10.9 | 24.2 | 6.4 | 14.8 |
| | | 2013 | | |
| April | 34.0 | 6.5 | -2.7 | 2.1 |
| May | 66.0 | 18.3 | 7.3 | 12.6 |
| June | 125.2 | 23.9 | 14.3 | 18.7 |
| July | 80.8 | 26.9 | 15.8 | 21.6 |
| August | 35.6 | 27.1 | 15.3 | 21.1 |
| September | 35.6 | 25.2 | 12.1 | 18.4 |

Fonte: Universidade Estadual do Dakota do Sul. Clima e Tempo de Dakota do Sul. Disponível online em http://climate.sdstate.edu/climate_site/archive_data.htm. Acedido em [19/04/2013]

Tabela 2. ANOVAs para a produção de biomassa, massa de rebentos$^{-1}$ , rebentos m$^{-2}$ , altura da planta (PH), área da copa (CA) e número de entrenós de rebentos$^{-1}$ (IN) durante três anos em Brookings, Dakota do Sul.

| | | Mean squares | | | | | |
|---|---|---|---|---|---|---|---|
| Source | DF | Biomass yield | Mass shoot$^{-1}$ | Shoots m$^{-2}$ | PH | CA | IN |
| Year | 2 | 924000000** | 8983** | 5688** | 239994** | 22360000** | 136** |
| Replication | 2 | 10060000** | 420** | 484** | 534** | 590180** | 0.327 |
| Family | 33 | 5330288** | 56** | 83** | 365** | 831944** | 4.3** |
| Year*Replication | 4 | 3788127* | 157** | 72** | 588** | 360293** | 0.307 |
| Year*Family | 66 | 1717019* | 22** | 15* | 169** | 215942** | 1.4** |
| Family*Replication | 66 | 1170976 | 19* | 35** | 62** | 39507** | 0.296 |
| Error | 132 | 1190422 | 13 | 10 | 54** | 51122.3 | 0.282 |

*, ** Significativo ao nível de probabilidade de 0,05 e 0,01, respetivamente.

Tabela 3. ANOVA para a produção de biomassa, massa de rebentos$^{-1}$ , rebentos m$^{-2}$ , altura da planta, área basal e número de entrenós de rebentos$^{-1}$ para cada ano (2011, 2012 e 2013) em Brookings, Dakota do Sul.

| | | Mean squares | | | | | | | | |
|---|---|---|---|---|---|---|---|---|---|---|
| | | Biomass yield | | | Mass shoot$^{-1}$ | | | Shoots m$^{-2}$ | | |
| Source | DF | 2011 | 2012 | 2013 | 2011 | 2012 | 2013 | 2011 | 2012 | 2013 |
| Replication | 2 | 4524808 | 7066 | 1311000 | 453.9 | 24.22 | 256.1 | 149.38 | 128.93 | 348.9 |
| Family | 33 | 1795367** | 671318** | 6297640* | 50.6** | 5.4** | 43.1* | 36.5** | 17.21 | 59.5** |
| Error | 66 | 194274 | 21877 | 3335667 | 21.77 | 1.283 | 22.06 | 13.57 | 12.45 | 29.79 |
| Mean | | 6271.5 | 2182.5 | 8052.7 | 24.6 | 6.9 | 20.4 | 26 | 29 | 40 |
| CV (%) | | 7 | 6.8 | 19 | 18.9 | 16.9 | 22.9 | 14 | 12.2 | 13.6 |

| | | Mean squares | | | | | | | | |
|---|---|---|---|---|---|---|---|---|---|---|
| | | Plant height | | | Crown area | | | Internodes | | |
| Source | DF | 2011 | 2012 | 2013 | 2011 | 2012 | 2013 | 2011 | 2012 | 2013 |
| Replication | 2 | 1509.98 | 121 | 78.9 | 368588 | 6671 | 935506 | 0.304 | 0.598 | 0.039 |
| Family | 33 | 294.7** | 112** | 296.1** | 731267** | 359352** | 173209* | 2.36** | 2.32** | 2.37** |
| Error | 66 | 54.97 | 25 | 88.8 | 26974 | 21612 | 93165 | 0.253 | 0.143 | 0.463 |

| Mean | 173.6 | 76.6 | 126.4 | 2722.3 | 1808.3 | 2089.2 | 8.2 | 5.9 | 7.3 |
|---|---|---|---|---|---|---|---|---|---|
| CV (%) | 4.3 | 6.6 | 7.5 | 6 | 8.1 | 14.6 | 6.2 | 6.5 | 9.4 |

*, ** Significativo ao nível de probabilidade de 0,05 e 0,01, respetivamente; CV = coeficiente de variação

Tabela 4. Médias familiares em ordem decrescente para produção de biomassa, massa de rebentos$^{-1}$ e rebentos m$^{-2}$ para cada ano (2011, 2012 e 2013) em Brookings, Dakota do Sul.

| Biomass yield (kg ha$^{-1}$) | | | | | | | | Mass shoot$^{-1}$ (g) | | | |
|---|---|---|---|---|---|---|---|---|---|---|---|
| Family | 2011 | family | 2012 | family | 2013 | family | 2011 | Family | 2012 | family | 2013 |
| F18 | 7507 | F3 | 3421 | F31 | 10475 | F18 | 31.3 | F3 | 11.1 | F5 | 27.5 |
| F3 | 7489 | F11 | 3092 | F5 | 10464 | F4 | 31.1 | F5 | 9.8 | F31 | 27.4 |
| F7 | 7218 | F7 | 3066 | F7 | 10016 | F7 | 31 | F7 | 8.6 | F7 | 25.7 |
| F23 | 7182 | F23 | 3010 | F12 | 9973 | F10 | 31 | F18 | 8.3 | F10 | 24.6 |
| F11 | 7173 | F18 | 3008 | F30 | 9664 | F31 | 30 | F31 | 8.3 | F29 | 24.4 |
| F31 | 7138 | F31 | 2741 | F23 | 9600 | F11 | 29.7 | F10 | 7.8 | F30 | 24 |
| F10 | 6966 | F5 | 2641 | F9 | 9216 | F33 | 29.7 | F11 | 7.2 | F8 | 23.4 |
| F5 | 6921 | F10 | 2326 | F13 | 9195 | F3 | 27.2 | F19 | 7 | F26 | 22.9 |
| F24 | 6741 | F6 | 2282 | F27 | 9152 | F6 | 26.8 | F8 | 6.9 | F12 | 22.5 |
| F30 | 6741 | F9 | 2246 | F8 | 9035 | F24 | 26.5 | F16 | 6.9 | F9 | 22.4 |
| F32 | 6741 | F17 | 2167 | F14 | 8907 | F29 | 26.5 | F27 | 6.9 | F18 | 22.3 |
| F12 | 6678 | F14 | 2164 | F3 | 8715 | F5 | 26.4 | F32 | 6.9 | F11 | 22.3 |
| F25 | 6633 | F4 | 2125 | F10 | 8576 | F21 | 26 | F15 | 6.8 | F27 | 21.9 |
| F6 | 6606 | F12 | 2108 | F11 | 8555 | F17 | 25.3 | F17 | 6.8 | F15 | 21.8 |
| F27 | 6474 | F8 | 2108 | F19 | 8416 | F13 | 24.7 | F21 | 6.7 | F14 | 21.5 |
| F21 | 6444 | F19 | 2067 | F26 | 8395 | F30 | 24.4 | F1 | 6.7 | F2 | 21.2 |
| F14 | 6417 | F21 | 2044 | F18 | 8341 | F25 | 24 | F20 | 6.7 | F17 | 21.1 |
| F17 | 6381 | F20 | 2033 | F15 | 8245 | F2 | 23.9 | F6 | 6.6 | F13 | 21.1 |
| F26 | 6380 | F13 | 2031 | F17 | 8107 | F26 | 23.8 | F30 | 6.6 | F23 | 20.1 |
| F9 | 6056 | F27 | 1995 | F25 | 8107 | F27 | 23.7 | F24 | 6.5 | F19 | 20 |
| F16 | 6056 | F15 | 1992 | F29 | 7797 | F20 | 23.5 | F9 | 6.5 | F3 | 19.8 |
| F33 | 5984 | F24 | 1964 | F4 | 7445 | F32 | 23.5 | F23 | 6.3 | F1 | 19.3 |
| F4 | 5948 | F32 | 1943 | F1 | 7392 | F15 | 22.6 | F2 | 6.1 | F21 | 19.2 |
| F13 | 5930 | F30 | 1933 | F16 | 7275 | F14 | 22.4 | F13 | 6 | F25 | 19 |
| F15 | 5876 | F29 | 1913 | F21 | 7211 | F12 | 22 | F12 | 5.7 | F4 | 19 |
| F19 | 5777 | F16 | 1908 | F28 | 7104 | F23 | 21.8 | F33 | 5.7 | F33 | 18.1 |
| F8 | 5560 | F2 | 1905 | F2 | 6848 | F8 | 21.7 | F25 | 5.6 | F16 | 18 |
| F20 | 5486 | F26 | 1859 | F24 | 6613 | F9 | 21.2 | F29 | 5.6 | F20 | 17.5 |
| F28 | 5371 | F1 | 1846 | F6 | 6421 | F16 | 20.7 | F28 | 5.5 | F24 | 17.2 |
| F29 | 5127 | F25 | 1831 | F33 | 6357 | F19 | 19.2 | F4 | 5.4 | F28 | 14.9 |
| F22 | 4758 | F22 | 1795 | F32 | 6123 | F28 | 19 | F14 | 5.3 | F6 | 13.9 |
| F2 | 4695 | F28 | 1736 | F20 | 5856 | F1 | 18.6 | F22 | 4.8 | F32 | 13.7 |
| F1 | 4686 | F33 | 1510 | F22 | 5184 | F22 | 13.6 | F26 | 4.7 | F22 | 11 |
| Check | 6092 | Check | 1395 | check | 5013 | check | 25 | check | 5.3 | check | 15.8 |
| Mean | 6272 | | 2183 | | 8053 | | 24.6 | | 6.7 | | 20.4 |
| LSD $_{(0.05)}$ | 718 | | 241 | | 2977 | | 7.6 | | 1.8 | | 7.6 |
| CV (%) | 7 | | 7 | | 22.6 | | 18.9 | | 16.9 | | 22.9 |

LSD = diferença mínima significativa; CV = coeficiente de variação

Tabela 4 (continuação). Médias familiares em ordem decrescente para produção de biomassa, massa de brotos$^{-1}$ e brotos $m^{-2}$ para cada ano (2011, 2012 e 2013) em Brookings, Dakota do Sul

| Shoots $m^{-2}$ | | | | | |
|---|---|---|---|---|---|
| family | 2011 | family | 2012 | family | 2013 |
| F22 | 35 | F9 | 33 | F28 | 50 |
| F23 | 33 | F14 | 33 | F23 | 48 |
| F19 | 30 | F6 | 33 | F6 | 48 |
| F12 | 30 | F3 | 32 | F22 | 48 |
| F9 | 29 | F32 | 32 | F13 | 45 |
| F14 | 29 | F22 | 32 | F12 | 45 |
| F16 | 29 | F1 | 32 | F32 | 44 |
| F32 | 28 | F25 | 31 | F25 | 44 |
| F28 | 28 | F28 | 31 | F3 | 43 |
| F30 | 28 | F12 | 31 | F27 | 42 |
| F3 | 28 | F26 | 30 | F9 | 42 |
| F25 | 28 | F19 | 30 | F14 | 42 |
| F27 | 27 | F5 | 30 | F19 | 42 |
| F26 | 27 | F7 | 30 | F16 | 41 |
| F1 | 26 | F31 | 30 | F4 | 40 |
| F5 | 26 | F13 | 30 | F30 | 40 |
| F15 | 26 | F27 | 29 | F1 | 39 |
| F6 | 26 | F11 | 29 | F7 | 39 |
| F24 | 26 | F8 | 29 | F17 | 39 |
| F17 | 26 | F15 | 29 | F24 | 39 |
| F8 | 25 | F21 | 28 | F5 | 38 |
| F21 | 25 | F23 | 28 | F8 | 38 |
| F13 | 24 | F24 | 28 | F11 | 38 |
| F20 | 24 | F16 | 28 | F18 | 38 |
| F11 | 24 | F17 | 27 | F21 | 38 |
| F18 | 24 | F18 | 27 | F31 | 38 |
| F31 | 24 | F29 | 27 | F15 | 38 |
| F7 | 23 | F33 | 27 | F26 | 37 |
| F10 | 23 | F4 | 26 | F33 | 37 |
| F33 | 21 | F20 | 26 | F10 | 35 |
| F29 | 20 | F30 | 26 | F2 | 33 |
| F4 | 20 | F10 | 25 | F20 | 33 |
| F2 | 19 | F2 | 24 | F29 | 33 |
| check | 24 | check | 26 | check | 33 |
| Mean | 26 | | 29 | | 40 |
| $LSD_{(0.05)}$ | 6 | | 5.7 | | 8.8 |
| CV (%) | 14 | | 12 | | 13 |

LSD = diferença mínima significativa; CV = coeficiente de variação

Tabela 5. Médias de família em ordem decrescente para altura da planta, área da copa e número de entrenós de brotação[-1] para cada ano (2011, 2012 e 2013) em Brookings, Dakota do Sul.

| Plant height (cm) | | | | | | Crown area ($cm^2$) | | | | | |
|---|---|---|---|---|---|---|---|---|---|---|---|
| family | 2011 | family | 2012 | family | 2013 | family | 2011 | family | 2012 | family | 2013 |
| F10 | 195 | F31 | 88 | F23 | 142 | F6 | 3957 | F6 | 2410 | F3 | 2539 |
| F33 | 185 | F10 | 85 | F7 | 140 | F18 | 3647 | F13 | 2320 | F18 | 2412 |
| F21 | 185 | F23 | 85 | F3 | 140 | F31 | 3343 | F24 | 2292 | F25 | 2377 |
| F23 | 184 | F33 | 84 | F31 | 139 | F13 | 3245 | F7 | 2219 | F14 | 2373 |
| F12 | 184 | F13 | 83 | F11 | 139 | F32 | 3231 | F3 | 2178 | F30 | 2369 |
| F31 | 182 | F14 | 81 | F25 | 138 | F23 | 3195 | F18 | 2153 | F7 | 2343 |
| F30 | 182 | F12 | 81 | F18 | 137 | F24 | 3158 | F32 | 2129 | F32 | 2341 |
| F25 | 181 | F25 | 81 | F30 | 134 | F21 | 3119 | F23 | 2094 | F23 | 2294 |
| F29 | 181 | F17 | 80 | F19 | 133 | F3 | 3114 | F14 | 2071 | F11 | 2278 |
| F18 | 180 | F21 | 80 | F9 | 132 | F14 | 3023 | F21 | 2045 | F27 | 2275 |
| F13 | 180 | F7 | 80 | F10 | 131 | F7 | 2947 | F11 | 2016 | F26 | 2257 |
| F17 | 178 | F18 | 79 | F26 | 130 | F9 | 2909 | F12 | 1969 | F31 | 2253 |
| F9 | 178 | F32 | 79 | F13 | 130 | F11 | 2833 | F5 | 1965 | F24 | 2242 |
| F14 | 177 | F6 | 79 | F12 | 129 | F5 | 2826 | F31 | 1965 | F15 | 2216 |
| F24 | 176 | F1 | 78 | F14 | 129 | F26 | 2823 | F9 | 1913 | F19 | 2170 |
| F1 | 176 | F8 | 78 | F24 | 129 | F12 | 2762 | F19 | 1869 | F17 | 2162 |
| F7 | 175 | F20 | 78 | F27 | 129 | F16 | 2718 | F16 | 1848 | F8 | 2158 |
| F32 | 174 | F29 | 78 | F4 | 128 | F30 | 2704 | F29 | 1847 | F10 | 2141 |
| F26 | 174 | F5 | 78 | F16 | 128 | F10 | 2683 | F10 | 1820 | F6 | 2044 |
| F20 | 173 | F30 | 77 | F21 | 125 | F1 | 2664 | F1 | 1815 | F4 | 2029 |
| F8 | 172 | F9 | 77 | F28 | 125 | F19 | 2586 | F4 | 1811 | F13 | 1966 |
| F22 | 172 | F15 | 76 | F6 | 122 | F29 | 2434 | F8 | 1797 | F5 | 1958 |
| F15 | 172 | F24 | 75 | F8 | 121 | F27 | 2434 | F26 | 1781 | F1 | 1905 |
| F5 | 170 | F2 | 74 | F29 | 120 | F4 | 2431 | F33 | 1616 | F12 | 1900 |
| F27 | 168 | F22 | 74 | F32 | 120 | F33 | 2263 | F22 | 1560 | F22 | 1892 |
| F4 | 165 | F3 | 73 | F33 | 119 | F17 | 2247 | F28 | 1513 | F9 | 1888 |
| F16 | 163 | F26 | 71 | F1 | 118 | F8 | 2209 | F20 | 1423 | F29 | 1851 |
| F6 | 162 | F19 | 69 | F15 | 115 | F25 | 2135 | F27 | 1361 | F21 | 1842 |
| F28 | 160 | F11 | 67 | F5 | 113 | F20 | 2116 | F15 | 1340 | F33 | 1779 |
| F11 | 160 | F27 | 67 | F20 | 111 | F28 | 2101 | F30 | 1321 | F28 | 1778 |
| F19 | 160 | F28 | 67 | F22 | 110 | F15 | 2080 | F17 | 1319 | F2 | 1777 |
| F3 | 156 | F4 | 65 | F17 | 106 | F22 | 2029 | F2 | 1260 | F16 | 1752 |
| F2 | 147 | F16 | 62 | F2 | 106 | F2 | 1805 | F25 | 1179 | F20 | 1585 |
| Check | 175 | check | 77 | check | 128 | check | 2789 | check | 1264 | check | 1889 |
| Mean | 174 | | 77 | | 126 | | 2722 | | 1808 | | 2089 |
| $LSD_{(0.05)}$ | 12.1 | | 8.1 | | 15.3 | | 267.7 | | 239.6 | | 497.5 |
| CV (%) | 4.2 | | 6.5 | | 7.4 | | 6 | | 8.1 | | 14.6 |

LSD = diferença mínima significativa; CV = coeficiente de variação

Tabela 5 (continuação). Médias de família em ordem decrescente para altura da planta, área da copa e número de entrenós de brotação$^{-1}$ para cada ano (2011, 2012 e 2013) em Brookings, Dakota do Sul

| Internodes (No.) | | | | | |
|---|---|---|---|---|---|
| family | 2011 | family | 2012 | family | 2013 |
| F23 | 10 | F3 | 7 | F7 | 9 |
| F24 | 10 | F5 | 7 | F11 | 9 |
| F32 | 10 | F13 | 7 | F23 | 9 |
| F16 | 9 | F14 | 7 | F25 | 9 |
| F7 | 9 | F18 | 7 | F16 | 8 |
| F13 | 9 | F21 | 7 | F10 | 8 |
| F18 | 9 | F4 | 7 | F17 | 8 |
| F3 | 9 | F11 | 7 | F18 | 8 |
| F14 | 9 | F23 | 7 | F31 | 8 |
| F21 | 9 | F24 | 7 | F3 | 8 |
| F27 | 9 | F16 | 6 | F14 | 8 |
| F31 | 9 | F29 | 6 | F29 | 8 |
| F1 | 8 | F10 | 6 | F33 | 8 |
| F11 | 8 | F12 | 6 | F19 | 7 |
| F12 | 8 | F15 | 6 | F21 | 7 |
| F26 | 8 | F17 | 6 | F22 | 7 |
| F30 | 8 | F31 | 6 | F28 | 7 |
| F5 | 8 | F32 | 6 | F2 | 7 |
| F25 | 8 | F33 | 6 | F6 | 7 |
| F29 | 8 | F1 | 6 | F15 | 7 |
| F33 | 8 | F6 | 6 | F26 | 7 |
| F4 | 8 | F7 | 6 | F27 | 7 |
| F6 | 8 | F27 | 6 | F32 | 7 |
| F9 | 8 | F30 | 6 | F24 | 7 |
| F10 | 8 | F2 | 5 | F30 | 7 |
| F19 | 8 | F25 | 5 | F20 | 7 |
| F15 | 7 | F26 | 5 | F5 | 6 |
| F2 | 7 | F19 | 5 | F9 | 6 |
| F17 | 7 | F20 | 5 | F12 | 6 |
| F20 | 7 | F9 | 5 | F13 | 6 |
| F28 | 7 | F8 | 4 | F1 | 6 |
| F8 | 6 | F22 | 4 | F4 | 5 |
| F22 | 6 | F28 | 4 | F8 | 5 |
| check | 8 | check | 5 | check | 7 |
| Mean | 8.1 | | 5.8 | | 7.2 |
| $LSD_{(0.05)}$ | 0.8 | | 0.6 | | 1 |
| CV (%) | 6.1 | | 6.4 | | 9.3 |

LSD = diferença mínima significativa; CV = coeficiente de variação

Tabela 6. Médias das famílias ao longo de três anos, por ordem decrescente, para a produção de biomassa (BMY) (kg $ha^{-1}$ ), massa de $rebentos^{-1}$ , rebentos $m^{-2}$ , altura da planta (cm), área da copa ($cm^{-2}$ ) e número de entrenós de $rebentos^{-1}$ em Brookings, Dakota do Sul.

| Family | BMY | family | Mass $shoot^{-1}$ | Family | Shoots $m^{-2}$ | family | Plant height | family | Crown area | family | Internodes (No.) |
|---|---|---|---|---|---|---|---|---|---|---|---|
| F31 | 6784 | F31 | 21.9 | F22 | 38 | F10 | 137.2 | F6 | 2804 | F23 | 8 |
| F7 | 6766 | F7 | 21.8 | F23 | 37 | F23 | 137 | F18 | 2737 | F16 | 8 |
| F5 | 6675 | F5 | 21.2 | F28 | 36 | F31 | 136.6 | F3 | 2610 | F18 | 8 |
| F23 | 6598 | F10 | 21.1 | F6 | 35 | F25 | 133.4 | F32 | 2567 | F11 | 8 |
| F3 | 6541 | F18 | 20.6 | F12 | 35 | F18 | 131.9 | F24 | 2564 | F3 | 8 |
| F18 | 6285 | F11 | 19.8 | F32 | 35 | F7 | 131.6 | F23 | 2528 | F7 | 8 |
| F11 | 6273 | F3 | 19.4 | F3 | 35 | F12 | 131.3 | F31 | 2520 | F14 | 8 |
| F12 | 6253 | F29 | 18.8 | F9 | 34 | F30 | 131 | F13 | 2510 | F24 | 8 |
| F30 | 6113 | F4 | 18.5 | F14 | 34 | F13 | 130.9 | F7 | 2503 | F21 | 8 |
| F10 | 5956 | F30 | 18.3 | F25 | 34 | F21 | 130 | F14 | 2489 | F31 | 8 |
| F27 | 5874 | F33 | 17.8 | F19 | 34 | F33 | 129.5 | F11 | 2376 | F32 | 8 |
| F9 | 5839 | F17 | 17.8 | F13 | 33 | F14 | 129.2 | F21 | 2335 | F13 | 7 |
| F14 | 5829 | F27 | 17.5 | F27 | 33 | F9 | 128.7 | F26 | 2287 | F25 | 7 |
| F13 | 5719 | F8 | 17.4 | F16 | 32 | F24 | 126.8 | F5 | 2250 | F29 | 7 |
| F8 | 5568 | F21 | 17.3 | F1 | 32 | F29 | 126.3 | F9 | 2237 | F10 | 7 |
| F17 | 5551 | F13 | 17.3 | F5 | 32 | F26 | 125.2 | F10 | 2215 | F33 | 7 |
| F26 | 5545 | F26 | 17.2 | F30 | 31 | F32 | 124.4 | F12 | 2210 | F17 | 7 |
| F25 | 5523 | F15 | 17.1 | F26 | 31 | F1 | 124 | F19 | 2208 | F27 | 7 |
| F19 | 5420 | F2 | 17.1 | F15 | 31 | F8 | 123.6 | F30 | 2131 | F5 | 7 |
| F15 | 5371 | F12 | 16.8 | F8 | 31 | F3 | 122.8 | F1 | 2128 | F26 | 7 |
| F21 | 5233 | F24 | 16.8 | F24 | 31 | F11 | 122 | F16 | 2106 | F30 | 7 |
| F4 | 5173 | F9 | 16.7 | F7 | 31 | F17 | 121.6 | F4 | 2090 | F6 | 7 |
| F24 | 5106 | F14 | 16.4 | F17 | 31 | F27 | 121 | F8 | 2055 | F15 | 7 |
| F6 | 5103 | F25 | 16.2 | F31 | 31 | F15 | 120.9 | F29 | 2044 | F12 | 7 |
| F16 | 5079 | F23 | 16.1 | F21 | 30 | F6 | 120.9 | F27 | 2023 | F19 | 7 |
| F29 | 4946 | F20 | 15.9 | F11 | 30 | F19 | 120.6 | F17 | 1909 | F2 | 7 |
| F32 | 4936 | F6 | 15.8 | F18 | 30 | F20 | 120.5 | F25 | 1897 | F1 | 7 |
| F28 | 4737 | F19 | 15.4 | F4 | 29 | F5 | 120.4 | F33 | 1886 | F4 | 7 |
| F1 | 4641 | F16 | 15.2 | F33 | 28 | F4 | 119.7 | F15 | 1878 | F20 | 7 |
| F33 | 4617 | F1 | 14.8 | F20 | 28 | F22 | 118.8 | F22 | 1827 | F9 | 6 |
| F2 | 4483 | F32 | 14.7 | F10 | 27 | F16 | 117.6 | F28 | 1797 | F28 | 6 |
| F20 | 4459 | F28 | 13.1 | F29 | 27 | F28 | 117.3 | F20 | 1708 | F22 | 6 |
| F22 | 3912 | F22 | 9.8 | F2 | 26 | F2 | 109.3 | F2 | 1614 | F8 | 6 |
| Check | 4167 | check | 15.4 | Check | 28 | check | 126.8 | check | 1981 | check | 5 |
| Mean | 5202 | | 17.2 | | 32 | | 125.4 | | 2207 | | 7.1 |
| SEM | 160.6 | | 0.52 | | 0.5 | | 2.4 | | 32.5 | | 0.07 |
| CV (%) | 19.8 | | 20 | | 10 | | 5.8 | | 2.9 | | 7.4 |

LSD = diferença mínima significativa; SEM = erro padrão da média; CV = coeficiente de variação

Tabela 7. Precipitação total e temperatura média para cada mês durante os períodos de crescimento em Arlington, Wisconsin (abril a setembro, 2010, 2011, 2012 e 2013).

| Month | 2010 Rainfall (mm) | 2010 Temperature (°C) | 2011 Rainfall (mm) | 2011 Temperature (°C) | 2012 Rainfall (mm) | 2012 Temperature (°C) | 2013 Rainfall (mm) | 2013 Temperature (°C) |
|---|---|---|---|---|---|---|---|---|
| April | 92.9 | 9.2 | 90.7 | 9.2 | 77.9 | 6.4 | 137.7 | 4.1 |
| May | 105.4 | 14 | 58.9 | 14.6 | 74.7 | 15 | 153.4 | 13.3 |
| Jun | 192.8 | 18.9 | 137.4 | 19.9 | 6.6 | 19.8 | 190.8 | 17.9 |
| July | 236.2 | 21.8 | 176 | 21.9 | 55.9 | 24.3 | 75.9 | 20.4 |
| August | 119.4 | 21.4 | 66.3 | 21.1 | 73.4 | 19.4 | 45.5 | 19.2 |
| September | 115.3 | 14.3 | 90.7 | 15.8 | 25.7 | 14.2 | 75.4 | 15.6 |

Tabela 8. ANOVA e médias anuais e intervalos nas médias familiares para a produção de biomassa (kg $ha^{-1}$ ) para cada um dos anos de 2011, 2012 e 2013 em Arlington, Wisconsin

| Source | DF | Mean square | Year | Annual mean (kg $ha^{-1}$) | Range in family means (kg $ha^{-1}$) | P |
|---|---|---|---|---|---|---|
| Family | 37 | 20800000** | 2011 | 8650 | 5983-11589 | 0.045 |
| Year | 2 | 1387616 | | | | |
| Replication | 2 | 32110000** | 2012 | 8665 | 7062-11011 | 0.067 |
| family x Year | 74 | 11010000** | | | | |
| Error | 226 | 3633314 | 2013 | 8588 | 5108-13234 | 0.01 |

1 Significativo ao nível de probabilidade de P < 0,01.

Tabela 9. Correlação genética e fenotípica (entre parênteses) entre a produção de biomassa (BM), massa de $rebentos^{-1}$ , rebentos $m^{-2}$ , altura da planta (PH), área da copa (CA) e número de entrenós de $rebentos^{-1}$ (IN) para 34 entradas (33 famílias de meios irmãos e um controlo) em Brookings, Dakota do Sul, durante 2011-2013.

| Trait | BM | Mass $shoot^{-1}$ | Shoots $m^{-2}$ | PH | CA |
|---|---|---|---|---|---|
| Mass $shoot^{-1}$ | 0.75** | | | | |
| | (0.67**) | | | | |
| Shoot $m^{-2}$ | 0.21* | -0.58** | | | |
| | (0.21) | (-0.48**) | | | |
| PH | 0.75** | 0.69** | -0.07 | | |
| | (0.51**) | (0.218) | (0.09) | | |
| CA | 0.72** | 0.42** | 0.41** | 0.74** | |
| | (0.33*) | (0.32*) | (0.13) | (0.35*) | |
| IN | 0.76** | 0.75** | -0.12 | 0.70** | 0.68** |
| | (0.24*) | (0.31*) | (-0.02) | (0.33*) | (0.44**) |

*, ** Significativo aos níveis de probabilidade de 0,05 e 0,01, respetivamente

Tabela 10. Estimativas de herdabilidade de sentido restrito ($h^2$) e seus erros padrão (entre parênteses), diferencial de seleção (SD) e resposta de seleção (SR) para produção de biomassa, massa de brotos$^{-1}$, brotos $m^{-2}$, altura da planta, área de copa e número de entrenós de brotos$^{-1}$ em Brookings, SD, durante 2011-2013.

| Trait | $h^2$ | SD | SR |
|---|---|---|---|
| Biomass yield | 0.65 (0.17)† | 1171 | 761 kg $ha^{-1}$ |
| Mass $shoot^{-1}$ | 0.56 (0.23) | 4.1 | 2.3 g |
| Shoots $m^{-2}$ | 0.63 (0.19) | 4.5 | 2.8 |
| Plant height | 0.52 (0.26) | 9.7 | 5 cm |
| Crown area | 0.72 (0.24) | 449 | 323 $cm^{-2}$ |
| Internode number | 0.67 (0.26) | 1 | 0.67 |

† Erro padrão (Hallauer e Miranda, 1988)

Tabela 11. Relações lineares entre o rendimento de biomassa (kg $ha^{-1}$) e os componentes de rendimento para 34 entradas em Brookings, Dakota do Sul, durante 2011-2013.

| Traits | $R^2$ | Probability b=0 | Equation |
|---|---|---|---|
| Mass $shoot^{-1}$ | 0.66 | 0.001 | Y = 248.33x + 1216 |
| Plant height | 0.41 | 0.002 | Y = 42.251x + 199.38 |
| Crown area | 0.20 | 0.000 | Y = 2.0224x + 1039.6 |
| Internodes | 0.30 | 0.000 | Y = 1136.6x - 2547 |
| Shoot $m^{-2}$ | 0.18 | 0.000 | Y = 145.3 + 883.18 |

Tabela 12. Média das famílias, por ordem decrescente, para a fibra em detergente neutro (FDN g $kg^{-1}$ ), fibra em detergente ácido (FDA g $kg^{-1}$ ) e lenhina em detergente ácido (LDA g $kg^{-1}$ ) em Brookings, Dakota do Sul.

| Family | NDF | Family | ADF | Family | ADL |
|---|---|---|---|---|---|
| F30 | 589.30 | F30 | 453.07 | F19 | 79.57 |
| F3 | 571.82 | F28 | 446.27 | F14 | 77.69 |
| F28 | 565.82 | F5 | 438.19 | F8 | 68.07 |
| F5 | 558.76 | F3 | 432.43 | F7 | 62.05 |
| F7 | 551.74 | F12 | 431.89 | F13 | 58.78 |
| F12 | 549.75 | F7 | 429.44 | F24 | 57.76 |
| F17 | 539.47 | F17 | 427.36 | F30 | 57.45 |
| F32 | 532.26 | F4 | 421.47 | F3 | 57.41 |
| F4 | 531.79 | F16 | 420.82 | F9 | 53.18 |
| F2 | 530.81 | F2 | 420.50 | F31 | 51.09 |
| F16 | 529.05 | F10 | 419.24 | F33 | 50.97 |
| F19 | 526.33 | F21 | 418.08 | F32 | 50.62 |
| F21 | 525.83 | F32 | 417.82 | F11 | 50.53 |
| F10 | 525.13 | F6 | 410.60 | F16 | 49.96 |
| F33 | 524.52 | F19 | 409.25 | F6 | 49.94 |
| F25 | 523.42 | F24 | 408.59 | F20 | 49.57 |
| F1 | 521.80 | F8 | 407.53 | F12 | 49.56 |
| F18 | 515.46 | F1 | 407.09 | F5 | 49.41 |
| F6 | 513.72 | F18 | 406.51 | F10 | 49.23 |
| F24 | 510.49 | F33 | 405.80 | F15 | 48.59 |
| F8 | 509.00 | F25 | 405.65 | F4 | 48.01 |
| F15 | 506.78 | F15 | 403.69 | F27 | 47.93 |
| F27 | 505.69 | F13 | 393.94 | F28 | 47.61 |
| F23 | 501.16 | F27 | 393.89 | F17 | 46.76 |
| F29 | 498.18 | F26 | 393.56 | F18 | 46.33 |
| F13 | 497.98 | F14 | 392.41 | F22 | 45.83 |
| F14 | 496.99 | F23 | 391.68 | F23 | 45.38 |
| F26 | 496.79 | F29 | 386.61 | F29 | 45.20 |
| F11 | 486.37 | F20 | 378.27 | F2 | 44.22 |
| F20 | 473.76 | F11 | 377.79 | F25 | 42.70 |
| F9 | 467.53 | F9 | 370.03 | F1 | 40.66 |
| F31 | 466.97 | F31 | 366.11 | F26 | 37.07 |
| F22 | 447.86 | F22 | 350.35 | F21 | 31.66 |
| Check | 524.68 | check | 411.80 | check | 50.42 |
| Mean | 518.20 | | 407.30 | | 51.80 |
| $LSD_{(0.05)}$ | 60.4 | | 41.0 | | 15.8 |
| CV (%) | 7.1 | | 6.4 | | 19.0 |

LSD = diferença mínima significativa; CV = coeficiente de variação

Tabela 13. Plasticidade fenotípica da produção de biomassa (kg ha$^{-1}$ ), massa de rebentos$^{-1}$ e rebentos m$^{-2}$ para cada família com a respetiva média em 2011, 2012 e 2013 em Brookings, Dakota do Sul.

| | Biomass yield (kg ha$^{-1}$) | | | | | Mass shoot$^{-1}$ | | | | | Shoot m$^{-2}$ | | | | |
|---|---|---|---|---|---|---|---|---|---|---|---|---|---|---|---|
| Family | F test | Class | 2011 | 2012 | 2013 | F test | Class | 2011 | 2012 | 2013 | F test | Class | 2011 | 2012 | 2013 |
| F1 | ** | p | 4686 | 1846 | 7392 | ** | p | 18.6 | 6.7 | 19.3 | ** | p | 26 | 32 | 39 |
| F2 | * | p | 4695 | 1905 | 6848 | * | p | 23.9 | 6.1 | 21.2 | * | p | 19 | 24 | 33 |
| F3 | * | p | 7489 | 3421 | 8715 | ** | p | 27.2 | 11 | 19.8 | * | p | 28 | 32 | 43 |
| F4 | ** | p | 5948 | 2125 | 7445 | ** | p | 31.1 | 5.4 | 19 | ** | p | 20 | 26 | 40 |
| F5 | ** | p | 6921 | 2641 | 1046 | ** | p | 26.4 | 9.8 | 27.5 | ** | p | 26 | 30 | 38 |
| F6 | ** | p | 6606 | 2282 | 6421 | * | p | 26.8 | 6.6 | 13.9 | * | p | 26 | 33 | 48 |
| F7 | ** | p | 7218 | 3066 | 1001 | ** | p | 31 | 8.6 | 25.7 | ** | p | 23 | 30 | 39 |
| F8 | ** | p | 5560 | 2108 | 9035 | * | p | 21.7 | 6.9 | 23.4 | ** | p | 25 | 29 | 38 |
| F9 | ** | p | 6056 | 2246 | 9216 | ** | p | 21.2 | 6.5 | 22.4 | * | p | 29 | 32 | 42 |
| F10 | ** | p | 6966 | 2326 | 8576 | ** | p | 31 | 7.8 | 24.6 | ** | p | 22 | 25 | 35 |
| F11 | * | p | 7173 | 3092 | 8556 | * | p | 29.7 | 7.2 | 22.3 | ** | p | 24 | 29 | 38 |
| F12 | ** | p | 6678 | 2108 | 9973 | ** | p | 22 | 5.7 | 22.5 | ** | p | 30 | 31 | 47 |
| F13 | ** | p | 5930 | 2031 | 9195 | ** | p | 24.7 | 6 | 21.1 | * | p | 24 | 30 | 45 |
| F14 | ** | p | 6417 | 2164 | 8907 | ** | p | 22.4 | 5.3 | 21.5 | * | p | 29 | 33 | 42 |
| F15 | ** | p | 5876 | 1992 | 8245 | ** | p | 22.6 | 6.8 | 21.8 | * | p | 26 | 29 | 38 |
| F16 | ** | p | 6056 | 1908 | 7275 | ** | p | 20.7 | 6.9 | 18 | * | p | 28 | 28 | 41 |
| F17 | ** | p | 6381 | 2167 | 8107 | ** | p | 25.3 | 6.8 | 21.1 | * | p | 25 | 27 | 39 |
| F18 | ** | p | 7507 | 3008 | 8341 | ** | p | 31.3 | 8.3 | 22.3 | * | p | 23 | 27 | 38 |
| F19 | ** | p | 5777 | 2067 | 8416 | * | p | 19.4 | 7 | 20 | * | p | 30 | 30 | 42 |
| F20 | ** | p | 5486 | 2033 | 5856 | * | p | 23.5 | 6.7 | 17.5 | * | p | 24 | 26 | 33 |
| F21 | * | p | 6444 | 2044 | 7211 | * | p | 26 | 6.7 | 19.2 | * | p | 24 | 28 | 38 |
| F22 | ** | p | 4758 | 1795 | 5184 | ** | p | 13.6 | 4.8 | 11 | ** | p | 32 | 35 | 48 |
| F23 | ** | p | 7182 | 3010 | 9600 | * | p | 21.8 | 6.3 | 20.1 | ** | p | 33 | 28 | 48 |
| F24 | ** | p | 6741 | 1964 | 6613 | * | p | 26.5 | 6.5 | 17.2 | * | p | 25 | 28 | 39 |
| F25 | * | p | 6633 | 1831 | 8107 | * | p | 24 | 5.6 | 19 | * | p | 28 | 31 | 44 |
| F26 | ** | p | 6380 | 1859 | 8395 | ** | p | 23.8 | 4.7 | 22.9 | * | p | 27 | 30 | 37 |
| F27 | ** | p | 6474 | 1995 | 9152 | ** | p | 23.7 | 6.9 | 21.9 | ** | p | 27 | 29 | 42 |
| F28 | ** | p | 5371 | 1736 | 7104 | ** | p | 19 | 5.5 | 14.9 | * | p | 28 | 30 | 50 |
| F29 | ** | p | 5127 | 1913 | 7797 | ** | p | 26.5 | 5.6 | 24.4 | * | p | 20 | 27 | 33 |
| F30 | ** | p | 6741 | 1933 | 9664 | ** | p | 24.4 | 6.6 | 24 | * | p | 28 | 26 | 40 |
| F31 | ** | p | 7138 | 2741 | 1047 | ** | p | 30 | 8.3 | 27.4 | ** | p | 24 | 30 | 38 |
| Fm2 | * | p | 6741 | 1943 | 6123 | ** | p | 23.5 | 6.9 | 13.7 | * | p | 28 | 32 | 44 |
| F33 | ** | p | 5984 | 1510 | 6357 | * | p | 29.7 | 5.7 | 18.1 | * | p | 21 | 27 | 37 |
| Check | * | p | 6092 | 1395 | 5013 | * | p | 25 | 5.3 | 15.8 | * | p | 24 | 26 | 33 |

*, **Significativo ao nível de 0,05 e 0,01 de probabilidade; P = plástico; H = Homeostático

Tabela 14. Plasticidade fenotípica da altura da planta (cm), área da copa ($cm^{-2}$) e número de entrenós do broto$^{-1}$ para cada família com sua média em 2011, 2012 e 2013 em Brookings, Dakota do Sul.

| | Plant height (cm) | | | | | Crown area ($cm^{-2}$) | | | | | Internode (No.) | | | | |
|---|---|---|---|---|---|---|---|---|---|---|---|---|---|---|---|
| Family | F test | Class | 2011 | 2012 | 2013 | F test | Class | 2011 | 2012 | 2013 | F test | Class | 2011 | 2012 | 2013 |
| F1 | ** | p | 176 | 78 | 118 | ** | p | 2664 | 1815 | 1905 | ** | p | 8 | 6 | 6 |
| F2 | ** | p | 147 | 74 | 106 | ** | p | 1805 | 1260 | 1777 | ** | p | 7 | 5 | 7 |
| F3 | ** | p | 156 | 73 | 140 | * | p | 3114 | 2178 | 2539 | * | p | 9 | 7 | 8 |
| F4 | ** | p | 165 | 65 | 128 | ns | H | 2431 | 1811 | 2029 | ** | p | 8 | 7 | 5 |
| F5 | ** | p | 170 | 78 | 113 | ** | p | 2826 | 1965 | 1958 | ** | p | 8 | 7 | 6 |
| F6 | ** | p | 162 | 79 | 122 | ** | p | 3957 | 2410 | 2044 | * | p | 8 | 6 | 7 |
| F7 | ** | p | 175 | 80 | 140 | ** | p | 2947 | 2219 | 2343 | ** | p | 9 | 6 | 9 |
| F8 | ** | p | 172 | 78 | 121 | ns | H | 2209 | 1797 | 2158 | ** | p | 6 | 4 | 5 |
| F9 | ** | p | 178 | 77 | 132 | ** | p | 2909 | 1913 | 1888 | ** | p | 8 | 5 | 6 |
| F10 | ** | p | 195 | 85 | 131 | ** | p | 2683 | 1820 | 2141 | ** | p | 8 | 6 | 8 |
| F11 | ** | p | 160 | 67 | 139 | ** | p | 2833 | 2016 | 2278 | * | p | 8 | 7 | 9 |
| F12 | ** | p | 184 | 81 | 129 | ** | p | 2762 | 1969 | 1900 | ** | p | 8 | 6 | 6 |
| F13 | ** | p | 180 | 83 | 130 | ** | p | 3245 | 2320 | 1966 | ** | p | 9 | 7 | 6 |
| F14 | ** | p | 177 | 81 | 129 | * | p | 3023 | 2071 | 2373 | * | p | 9 | 7 | 8 |
| F15 | ** | p | 172 | 76 | 115 | * | p | 2080 | 1340 | 2216 | * | p | 7 | 6 | 7 |
| F16 | ** | p | 162 | 62 | 128 | ** | p | 2718 | 1848 | 1752 | ** | p | 9 | 6 | 8 |
| F17 | ** | p | 178 | 80 | 106 | ** | p | 2246 | 1319 | 2162 | * | p | 7 | 6 | 8 |
| F18 | ** | p | 180 | 79 | 137 | ** | p | 3647 | 2153 | 2412 | * | p | 9 | 7 | 8 |
| F19 | ** | p | 160 | 69 | 133 | ns | H | 2586 | 1869 | 2170 | ** | p | 8 | 5 | 7 |
| F20 | ** | p | 173 | 78 | 111 | ** | p | 2116 | 1423 | 1585 | ** | p | 7 | 5 | 7 |
| F21 | ** | p | 185 | 80 | 125 | ** | p | 3119 | 2045 | 1842 | * | p | 9 | 7 | 7 |
| F22 | ** | p | 172 | 74 | 110 | * | p | 2029 | 1560 | 1892 | ** | p | 6 | 4 | 7 |
| F23 | ** | p | 183 | 85 | 142 | ** | p | 3195 | 2094 | 2294 | ** | p | 10 | 7 | 9 |
| F24 | ** | p | 176 | 75 | 129 | ** | p | 3158 | 2292 | 2242 | ** | p | 10 | 7 | 7 |
| F25 | ** | p | 181 | 81 | 138 | ** | p | 2135 | 1179 | 2377 | ** | p | 8 | 5 | 9 |
| F26 | ** | p | 174 | 71 | 130 | ** | p | 2823 | 1781 | 2257 | ** | p | 8 | 5 | 7 |
| F27 | ** | p | 168 | 67 | 129 | ** | p | 2434 | 1361 | 2275 | ** | p | 9 | 6 | 7 |
| F28 | ** | p | 160 | 67 | 125 | * | p | 2101 | 1513 | 1778 | ** | p | 7 | 4 | 7 |
| F29 | ** | p | 181 | 78 | 120 | ** | p | 2434 | 1847 | 1851 | * | p | 8 | 6 | 8 |
| F30 | ** | p | 182 | 77 | 134 | ** | p | 2704 | 1321 | 2369 | ** | p | 8 | 6 | 7 |
| F31 | ** | p | 182 | 88 | 139 | ** | p | 3343 | 1965 | 2553 | ** | p | 9 | 6 | 8 |
| F32 | ** | p | 174 | 79 | 120 | ** | p | 3231 | 2129 | 2341 | ** | p | 10 | 6 | 7 |
| F33 | ** | p | 185 | 84 | 119 | ** | p | 2263 | 1616 | 1779 | ** | p | 8 | 6 | 8 |
| Check | ** | p | 175 | 77 | 128 | ** | p | 2789 | 1264 | 1889 | ** | p | 8 | 5 | 7 |

*, **Significativo ao nível de 0,05 e 0,01 de probabilidade; P = plástico; H = Homeostático

Figura 1. População experimental da Universidade do Estado de Dakota do Sul de planta de copa (Silphium perfoliatum L.) na EcoSun Prairie Farm perto de Colman, SD. Final de agosto de 2013. As gramíneas no painel superior são switchgrass (Panicum virgatum L., centro anterior) e prairie cordgrass (Spartina pectinata Link, centro posterior).

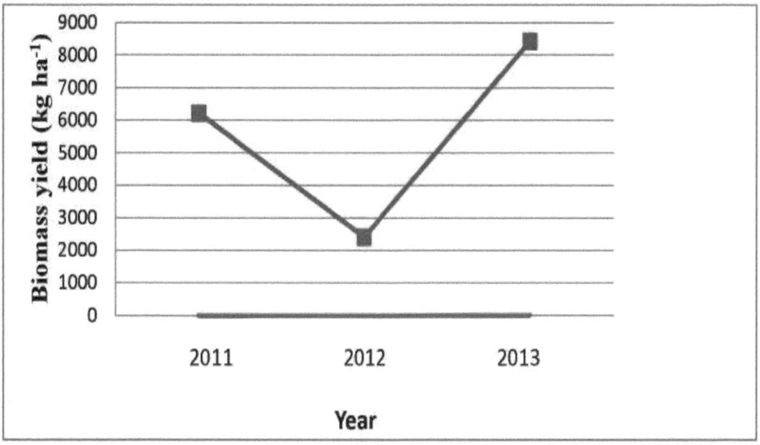


Figura 2. Produção média de biomassa em 2011, 2012 e 2013 para uma população de plantas de copa em Brookings, Dakota do Sul.

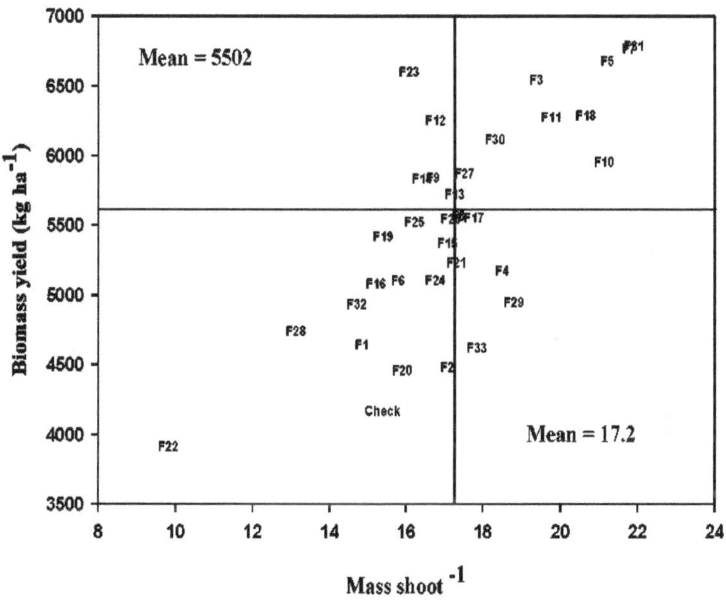


Figura 3. Relação entre a produção de biomassa (kg ha$^{-1}$ ) e a massa de rebentos$^{-1}$ em Brookings, Dakota do Sul, em vários anos. As famílias com valores mais elevados de produção de biomassa e massa de rebentos$^{-1}$ aparecem no quadrante superior direito. A linha horizontal é a média geral para a produção de biomassa e a linha vertical é para a massa de rebentos$^{-1}$ .

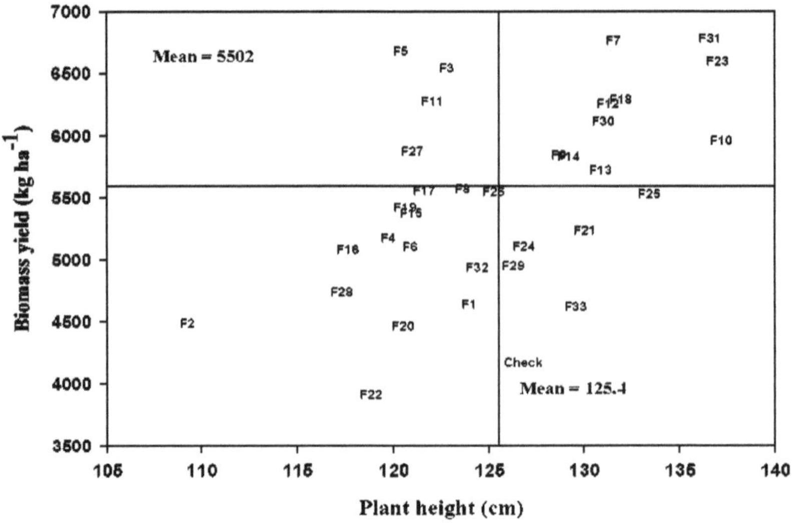


Figura 4. Relações entre a produção de biomassa (kg ha$^{-1}$ ) e a altura das plantas (cm) em Brookings, Dakota do Sul, ao longo dos anos. As famílias com valores mais elevados de biomassa e altura das plantas aparecem no quadrante superior direito. A linha horizontal é uma média geral para a produção de biomassa e a linha vertical é para a altura da planta.

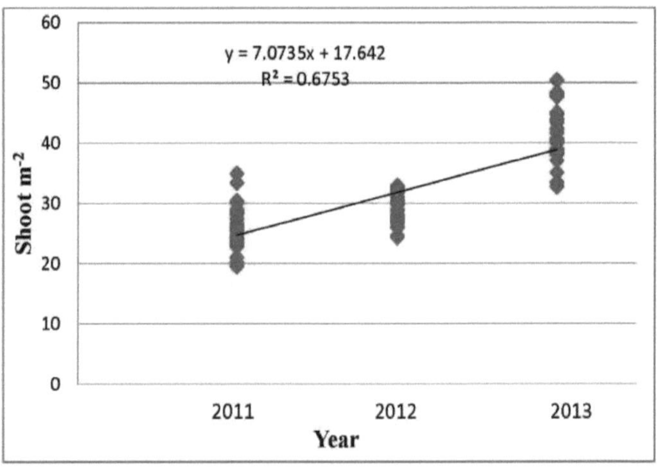


Figura 5. Relação linear entre os rebentos m$^{-2}$ e a idade do povoamento para uma população de plantas de copa em Brookings, SD.

# CAPÍTULO 3


## Resumo

Variação genética para o peso do aquénio e caraterísticas associadas na planta da chávena (Silphium perfoliatum L.)

A planta de copa (Silphium perfoliatum L) é uma espécie complementar potencial em misturas com gramíneas para a produção de biomassa em depressões de terras agrícolas que não são adequadas para culturas convencionais. Os objectivos deste estudo foram descrever a morfologia quantitativa das unidades de semente (ou seja, aquénios) da planta de copa e determinar a contribuição dos efeitos genéticos para a variação do peso do aquénio, do peso da semente e do comprimento e largura do aquénio da planta de copa numa população composta por 33 famílias de meios irmãos. As mudas foram transplantadas em parcelas de uma fileira com três repetições em Brookings, SD, em 2010. As caraterísticas do aquênio foram determinadas após a maturidade fisiológica em 2011 e 2012. A massa de aquênio e as caraterísticas dimensionais foram reduzidas em 2012 em relação a 2011. Sete das 9 principais famílias (ou seja, 25% principais) para classificação foram comuns aos dois anos. Os aquénios de três famílias foram 21% mais pesados em 2011 e os aquénios de cinco famílias foram 22% mais pesados em 2012 do que os de uma população de controlo de WI. Os aquénios de seis famílias foram 15 % mais pesados do que os aquénios do controlo nos dois anos. Na estufa, sete famílias tiveram mais de 90 % de emergência e estas famílias também produziram plântulas maiores com melhor vigor de plântulas. As estimativas de hereditariedade de sentido restrito foram mais elevadas para o peso do aquénio e o peso da semente do que para as caraterísticas dimensionais. A maioria das famílias foi plástica em resposta à variação ambiental anual para o peso do aquênio. No entanto, várias famílias foram homeostáticas para o peso da semente, sugerindo uma variação genética dentro desta população relacionada com a resposta diferencial à variação temporal da precipitação e da temperatura. As caraterísticas do aquénio em planta de taça revelaram-se úteis para quantificar a variação genética dentro da população para caraterísticas relacionadas com a aptidão e a qualidade/produção de sementes.


## Introdução

A planta da copa (Silphium perfoliatum L.) é uma planta dicotiledónea perene que se encontra em zonas húmidas da região de ervas altas da América do Norte. Ocorre do Ontário ao Dakota do Sul e a sul da Geórgia, Mississipi, Missouri e Oklahoma (Barkley e McGregor, 1986; Ladd, 1989; Geoffrey, 1990). A planta da copa é identificada pelas suas folhas opostas em forma de lança, que se juntam e formam uma copa à volta do caule angular. As suas flores de disco são estéreis (estaminadas), enquanto as flores de raio amarelo produzem aquénios através de polinização cruzada (Barkley e McGregor, 1986; Ladd, 1989). A sua floração é indeterminada, o que dificulta a colheita dos aquénios, uma vez que estes se desfazem pouco depois de amadurecerem.

A planta da chávena é reconhecida como uma planta que aumenta a biodiversidade e atrai polinizadores, mas também pode ter utilizações medicinais e de correção dos solos (Geoffrey, 1990). A planta da Copa tem sido usada como forragem alternativa e cultura de néctar na Europa e na Ásia (Conrad et al., 2012; Demarquilly e Niqueux, 1978; Kosach et al., 1984) e recentemente nos Estados Unidos para silagem (Albrecht e Goldstein, 1997; Han et al., 2000). Lehmkuhler et al. (2007) mostraram que a silagem da planta de copa tinha valor nutricional inferior ao do milho, mas podia ser incorporada como um componente da ração para animais com menores necessidades energéticas. Do mesmo modo, Pichard (2012) referiu que a planta da chávena podia ser incorporada como cultura perene regular de verão para alimentação dos animais. Conrad et al. (2012) também referiram que a planta da chávena pode ser utilizada como cultura alternativa de biogás. Por conseguinte, a ênfase no potencial de biomassa e forragem da planta da chávena tem aumentado. No entanto, o desenvolvimento de novas cultivares e a comercialização bem-sucedida dessas cultivares exigirão a produção de uma grande quantidade de sementes de alta qualidade. Atualmente, existe escassez de informação sobre caraterísticas relacionadas com a semente, tais como o peso do aquénio e da semente e a relação entre o peso do aquénio e o vigor das plântulas, uma caraterística importante para o estabelecimento do povoamento de gramíneas e forbes perenes nativas.

A relação entre o tamanho do aquênio e a porcentagem de germinação foi documentada para vários membros da família Asteraceae (Tamara et al., 2005). Por exemplo, sementes grandes podem ser favorecidas porque produzem plântulas vigorosas com maior chance de sobrevivência do que sementes de tamanho pequeno (Howe e Richter, 1982). O tamanho da semente é uma caraterística importante da qualidade da semente, afetada pela variedade, ambiente e práticas de manejo (Robinson, 1978). Além disso, foi demonstrado que o tamanho da semente afecta muitos atributos de aptidão, incluindo a competitividade das plântulas (Howe e Richter, 1982). Entretanto, a dormência também afecta o potencial de germinação do aquénio.

De um modo geral, é importante expandir a informação agronómica e genética sobre a planta da chávena, uma vez que esta tem demonstrado potencial como forragem alternativa e como cultura dedicada à bioenergia (Conrad et al., 2012; Han et al., 2000; Pichard, 2012). A variação do aquénio noutros membros da família Asteracae, como o girassol, foi relatada; no entanto, a variação do peso, comprimento e largura do aquénio não foi estudada para a planta da chávena (Figura 1). Portanto, a variação genética para caraterísticas do aquênio pode ser útil para o estabelecimento, propagação, produção e comercialização de plantas de copa. Os objetivos deste estudo foram (1) determinar se houve variação genética para peso, comprimento e largura do aquênio e peso da semente em uma população de planta de copa que mostrou potencial para produção de bioenergia no norte das Grandes Planícies, e (2) se houve uma relação entre peso do aquênio e vigor da muda.

## Material e métodos

Foi efectuada uma experiência de campo na Felt Farm da South Dakota State University Experiment Station (440 19' N e 960 42' W e 504 metros acima do nível do mar), com uma precipitação média anual de 582 mm e temperaturas máxima e mínima de 23,8$^0$ C e 8$^0$ C, respetivamente. O solo era um Mclnotsh-Badger silt clay loam (argiaquolls finos, esmectíticos, vericados frígidos).

As sementes de populações naturais de Illinois e Minnesota foram originalmente obtidas do Dr. Walter Goldstein, Michael Fields Agri. Inst., Troy WI. Trinta e três famílias de meios-irmãos (codificadas como F1-F33) foram desenvolvidas a partir de um isolamento policruzado de pais que foram selecionados aleatoriamente a partir de plantas voluntárias no viveiro inicial de plantio espaçado composto por cerca de 20 plantas de cada uma das populações naturais de Illinois e Minnesota em Brookings, SD. Para essas trinta e três famílias de meios irmãos e uma população selecionada desenvolvida por K. Albrecth, da Universidade de Wisconsin, a partir de uma população natural em Wisconsin, as mudas foram transplantadas em um delineamento de blocos completos aleatórios com três réplicas de uma parcela de fileira única (1,46 m de comprimento com 0,9 m entre fileiras) em Brookings, SD, em junho de 2010. Cada linha era composta por 6 plantas com 0,4 m de espaçamento entre linhas. Os dados foram registados para todas as 34 entradas (33 famílias e um controlo) em 2011 e 2012. Várias cabeças de cada linha familiar foram colhidas no final de cada estação de crescimento, e os aquénios foram debulhados à mão de cada cabeça. Vinte aquénios de cada linha familiar foram selecionados aleatoriamente para medições de peso, comprimento e largura. O peso de 20 aquénios (g) foi determinado por uma balança eletrónica com uma precisão de 0,001. O peso de 20 sementes descascadas (g) foi também determinado por uma balança eletrónica para cada família. O comprimento do aquénio (mm) e a largura do aquénio (mm) foram medidos com um paquímetro Digimatic.

Da mesma forma, o peso de duas amostras de 25 aquénios para os progenitores femininos das 33 famílias e de duas amostras de 25 aquénios para as linhas de descendência das 33 famílias foi determinado a partir de parcelas de viveiro estabelecidas em Brookings, SD, em 1998, e das sementes desses progenitores e descendência em 1999. O mesmo número de aquénios foi medido em termos de comprimento (mm) e largura (mm) para cada progenitor e descendência. O peso de vinte e cinco sementes descascadas foi também medido para cada progenitor e descendência, como descrito acima.

As experiências de germinação e emergência foram realizadas no Laboratório de Testes de Sementes da Universidade Estadual de Dakota do Sul e na estufa, respetivamente. Três réplicas de fileiras simples de 30 cm de comprimento com 20 sementes e 8 cm entre fileiras foram plantadas em bandejas de metal galvanizado na estufa, onde a temperatura variou de 10° C (noite) e 30° C (dia). O meio de plantação foi a mistura para vasos Miracle-Gro® Micromax, composta por produtos florestais, composto e turfa esfagno com 0,21 % de N, 0,09 % de PO5, 0,14 % de K2O e 0,10 % de Fe.

Os aquénios foram plantados a uma profundidade de cerca de 2 cm. Simultaneamente, foram plantadas 3 réplicas de 25 aquénios para cada família, pelo método da toalha enrolada, utilizando o protocolo AOSA para o girassol, numa câmara de germinação regulada a 20$^0$ C. Foram utilizados desenhos aleatórios completos, tanto na estufa como no laboratório de ensaio de sementes. O número de plântulas emergidas foi registado oito dias após a plantação até aos catorze dias. Uma plântula foi considerada emergida quando os cotilédones apareceram acima do solo. Até dez plântulas por família e por repetição foram colhidas no 14º dia após a plantação da experiência em estufa. As plântulas foram secas a 60° C durante 72 horas para determinar a produção de biomassa das plântulas$^{-1}$ .

Foram efectuadas análises de variância para determinar os efeitos genéticos e ambientais para a experiência de campo e para os efeitos genéticos para a experiência de estufa utilizando Statistix 9 (Analytical Software, 2009) e SAS V9.3. Todos os efeitos foram considerados aleatórios. Os testes F foram realizados de acordo com os quadrados médios esperados (Satterthwaite, 1946). As diferenças entre as médias das famílias foram testadas pela diferença mínima significativa (LSD). As estimativas de hereditariedade de sentido restrito foram determinadas utilizando os componentes de variância da análise de variância e duplicando o coeficiente de regressão linear das médias da descendência de meios irmãos sobre as médias dos pais maternos (Nguyen e Sleper, 1983). Os coeficientes de correlação fenotípica e genética foram estimados utilizando o procedimento descrito por Hallauer e Miranda (1988).

A plasticidade fenotípica foi determinada a partir da avaliação de famílias de meios-irmãos durante dois anos em Brookings. Um quadrado médio família x ano significativo indicou plasticidade fenotípica ao nível genotípico (Via, 1993). As diferenças entre as médias anuais foram testadas com LSD (0,05)

## Resultados

A estação de crescimento de 2011 foi relativamente húmida e fresca em comparação com a de 2012 (Quadro 1). As temperaturas médias durante junho (18° C) e julho (24,3° C) de 2011 foram 3,3° C e 1,0° C inferiores às de 2012. A precipitação total de junho a agosto durante a floração, polinização e produção de sementes foi de 225 mm em 2011 e 125 mm em 2012.

Foram encontradas diferenças significativas entre anos para o peso do aquénio, peso da semente, e comprimento e largura do aquénio (Quadro 2). Foram encontradas diferenças entre as famílias para o peso do aquênio e o peso da semente, mas não para o comprimento e a largura do aquênio (Tabela 2). A interação família x ano foi significativa para todas as quatro caraterísticas (Quadro 2). Por conseguinte, foram efectuadas análises de variância separadas para cada um dos dois anos, ou seja, 2011 e 2012 (quadro 3). A análise de variância interanual (Tabela 2) foi utilizada para estimar os componentes de variância para o cálculo das estimativas de herdabilidade de sentido restrito.

Todas as caraterísticas do aquénio foram reduzidas em 2012 relativamente a 2011. Os coeficientes de variação foram mais elevados para todas as caraterísticas em 2012 do que em 2011, exceto para o peso das sementes (Quadro 4). As médias das 34 entradas para peso de 20 aquênios e peso de 20 sementes são apresentadas na Tabela 4. Sete das 9 principais famílias (i.e., 25 % principais) para a classificação foram comuns aos dois anos. Três famílias tinham aquénios mais pesados do que o controlo (população selecionada do Wisconsin) em 2011, e cinco famílias tinham aquénios mais pesados do que o controlo em 2012 (Quadro 4). As diferenças entre os pesos de 20 aquénios da família melhor classificada foram 1,6 vezes maiores em 2011 e 2,1 vezes maiores em 2012 do que o peso de 20 aquénios da família com aquénios mais leves.

As médias das 34 entradas para o peso da semente variaram de 0,186 g a 0,323 g em 2011 e de 0,150 g a 0,253 g em 2012; para o comprimento do aquênio, as médias das entradas variaram de 8,01 mm a 9,60 mm em 2011 e de 5,7 mm a 8,67 mm em 2012; e para a largura do aquênio, as médias das entradas variaram de 5,45 mm a 6,56 mm em 2011 e de 3,07 mm a 5,55 mm em 2012. Para o peso da semente, 5 das 6 principais famílias (ou seja, 18%) eram comuns a ambos os anos. As médias anuais calculadas entre as entradas foram significativamente diferentes para todos os quatro traços (Tabela 4).

Seis famílias tiveram aquénios mais pesados do que o controlo e doze famílias tiveram sementes mais pesadas do que o controlo durante dois anos (quadro 5). Em média, estas seis famílias tinham um peso de aquénio 19 % superior ao do controlo. A família com maior peso de aquénio tinha 70 % de aquénios mais pesados do que a família com menor peso de aquénio. As famílias 12, 20, 22, 27 e 29 tiveram um desempenho superior para o peso do aquénio, peso da semente, comprimento do aquénio e largura do aquénio (Figuras 2 e 3).

As estimativas de hereditariedade de sentido restrito foram mais elevadas para o peso do aquénio e peso da semente do que para o comprimento e largura do aquénio (Quadro 6). Em geral, as estimativas de hereditariedade em sentido restrito foram mais elevadas para o método de regressão pais-filhos do que para o método dos componentes de variância.

Os coeficientes de correlação genética e fenotípica são apresentados no Quadro 7. Foram observados coeficientes de correlação genética e fenotípica significativos para o peso do aquénio com o peso da semente, o comprimento e a largura do aquénio. O peso da semente também teve uma correlação positiva e significativa com o comprimento e a largura do aquénio.

A maioria das famílias foi plástica em resposta à variação ambiental anual para o peso do aquênio; no entanto, várias famílias foram homeostáticas para o peso da semente (Tabela 8). As famílias 16, 17, 18, 20, 25, 26, 28 e 31 apresentaram baixa plasticidade a mudanças temporais tanto para o peso do aquênio quanto para o peso da semente. Foram observadas diferenças significativas para a média anual do comprimento e largura do aquênio (Tabela 9).

Foram encontradas diferenças significativas entre as famílias para a percentagem de emergência, peso seco das plântulas e vigor das plântulas (Quadro 10). A porcentagem de germinação aumentou com o aumento do peso do aquênio (Tabela 11). As famílias com aquênios pesados produziram plântulas maiores e com maior vigor de plântulas (Tabela 11). Sete famílias tiveram mais de 90 % de emergência. Essas famílias também produziram plântulas mais pesadas e com excelente vigor de plântulas (Figuras 4 e 5).

A germinação foi muito baixa a 20° C em câmaras de germinação, utilizando o protocolo AOSA para girassol anual. Vinte e cinco por cento das 34 entradas tiveram 0 % de germinação, enquanto 75 % das 34 entradas tiveram uma germinação que variou de 5 a 20 %.

## Discussão

As condições ambientais durante o verão de 2011 foram mais favoráveis do que em 2012 e resultaram em maiores pesos de aquénio e de sementes e dimensões de aquénio. Estes valores dos caracteres estudados foram semelhantes aos registados no girassol de gama por Dua e Yadava (1985). Os resultados deste estudo revelaram o potencial de seleção para as caraterísticas de peso de aquénio e de sementes na planta em taça. A variação genética significativa para estes caracteres sugere uma ação genética aditiva na sua expressão.

A interação significativa família x ano para o peso do aquénio e caraterísticas associadas deveu-se ao facto de as famílias não terem o mesmo desempenho ao longo dos anos. Em 2011, houve precipitação adequada, enquanto em 2012 a seca prolongada afetou diferencialmente o desempenho das famílias. Kwon e Torrie (1964) relataram que, para a maioria das caraterísticas de sementes de soja, as estimativas da interação genótipo x ano foram maiores do que os efeitos genótipo x repetição e genótipo x local.

Estimativas moderadas de herdabilidade foram obtidas para o peso do aquênio com base nos componentes de variância, indicando que a variância aditiva foi a maior fração da variância fenotípica total, embora a variância família x ano também tenha sido importante. Do mesmo modo, foi registada uma hereditariedade moderada a elevada para o peso de 100 aquénios no girassol (Khan et al., 2001; Khair et al., 1992).

Vanisree et al. (1988) referiram que alguns genótipos de girassol tinham melhor peso de aquénio do que um controlo padrão. Habib et al. (2007) também referiram que os genótipos de girassol com grande peso de aquénio tinham melhor emergência e crescimento de plântulas.

Associações significativas entre o peso do aquénio e a percentagem de germinação e o peso seco das plântulas sugerem que o peso do aquénio pode ser um fator importante para o recrutamento na planta de copa. Outros estudos apontaram uma relação positiva entre o tamanho da semente e o sucesso da germinação (Stanton, 1984). Verifica-se que o peso seco das plântulas com um peso de aquénio relativamente maior pode estar relacionado com um maior armazenamento de alimentos nos cotilédones das suas sementes do que o das sementes pequenas (Zareian et al., 2013). A germinação da planta da copa é principalmente afetada pela dormência, especialmente a partir de sementes plantadas imediatamente após a colheita. No entanto, no nosso estudo, > 70 % das sementes de cada família produzidas no campo em 2011 germinaram em condições de estufa em 2013, o que sugere que as sementes de plantas de copa expostas a temperaturas alternadas e a uma elevada intensidade de luz solar podem desencadear a germinação das sementes.

Neste estudo, a hereditariedade usando componentes de variância para o comprimento do aquénio e a largura do aquénio foi relativamente baixa comparada com as obtidas usando a regressão entre pais e descendentes. Tais diferenças podem ser atribuídas ao uso de dados médios da família na ANOVA, em oposição às médias da descendência regredidas nos seus pais maternos.

As correlações genéticas foram geralmente mais elevadas do que as correlações fenotípicas correspondentes. Resultados semelhantes foram registados por (Habib et al., 2007), onde as correlações genéticas foram superiores às correlações fenotípicas para caraterísticas em populações de girassol. As correlações do peso do aquénio foram positivas e significativas com o peso da semente, o comprimento e a largura do aquénio, o que sugere que o peso do aquénio pode ser aumentado através da seleção de caraterísticas dimensionais, que são fácil e rapidamente medidas.

Como esperado a partir da variação ambiental em 2011 e 2012, as famílias mostraram respostas semelhantes às mudanças de precipitação e temperatura para o peso do aquênio e caraterísticas associadas (como evidenciado pela análise de variância para a plasticidade fenotípica de cada família ao longo de dois anos). No entanto, a identificação de várias famílias que foram homeostáticas ao longo dos anos sugeriu uma variação genética dentro desta população de plantas de copa para uma expressão relativamente consistente de caraterísticas relacionadas com a semente através de uma grande variedade de condições ambientais relacionadas com a variação temporal da precipitação e da temperatura.

## Conclusão

O peso do aquénio e da semente na planta em taça revelou-se útil para quantificar a diversidade genética dentro da população e a plasticidade fenotípica em caraterísticas relacionadas com a aptidão, bem como um potencial critério de seleção para melhorar o estabelecimento do povoamento.

São necessários estudos de campo para determinar se a variação genética de caraterísticas relacionadas com a semente nesta população pode ser útil para desenvolver novas populações com melhor desempenho agronómico relacionado com o estabelecimento do povoamento devido a um melhor vigor das plântulas. Por exemplo, é necessário um estudo de acompanhamento para determinar o impacto da variação fenotípica induzida pelo ambiente nos valores agronómicos das duas culturas de sementes (ou seja, 2011 e 2012).

Além disso, a constatação de que a variação genética para a plasticidade fenotípica ocorreu entre famílias para o peso do aquénio e caraterísticas morfológicas relacionadas em resposta a grandes diferenças temporais entre famílias para a sensibilidade ambiental para a produção de sementes e caraterísticas de qualidade será útil para a seleção de famílias que podem produzir sementes de alta qualidade numa gama de condições ambientais.

## Referências


Albrecht, K. A., e W. Goldstein. 1997. Silphium perfoliatum: Uma planta da pradaria norte-americana com potencial como cultura forrageira. In: Proc. XVIII Congresso Internacional de Pastagens.

Barkley, T. M., e R.L. McGregor. 1986. "Flora of the great plains" Univ Pr of Kansas, Kansas.

Conrad, M., A. Biertumpfel, e A. Vetter. 2012. A planta da chávena como cultura alternativa de biogás. Um poster apresentado na RWE biomass and biofuel Company. Street. 98, 07743 Jena, Alemanha.

Demarquilly, C., e M. Niqueux. 1978. Uma nova planta perene para silagem, Silphium perfoliatum L. Bulletin Technique, Centre de Recherches Zootechniques et Veterinaires de Theix 34: 25-30

Dua, R., e T. Yadava,. 1985. Genetics of seed yield and its components in sunflower. In: Proc. 11th Inter. Conferência do Girassol, Mar del Plata, Argentina. pp. 627-632.

Geoffrey, S. 1990. Silphium perfoliatum (planta-da-copa) como nova forragem. p. 33-37 In D.D Smith e C.A. Jacobs (ed.) Proc. 12th NorthAmerican Prairie Conference. 5-9 de agosto, Cedar Falls, IA.

Habib, H., S.S. Mehdi, M.A. Anjum, E. Mohyuddin, e M. Zafar. 2007. Correlação e análise de caminho para o rendimento de sementes em girassol (Helianthus annuus L.) sob condições de stress de podridão de carvão (Macrophomina phaseolina). Int. J. Agri. Biol. 9: 362-364.

Hallauer, A. R., e J.B Miranda. 1988. Genética quantitativa no melhoramento do milho. 2nd ed. Iowa State University Press, Ames, IA.

Han, K., K. A. Albrecht, R. Muck, e D. Kim. 2000. Efeito da humidade nas caraterísticas de fermentação da silagem de planta de chávena. Asian-Aust. J. Ani. Sci. 13:636-640.

Howe, H. F., e W.M. Richter. 1982. Effects of seed size on seedling size in Virola surinamese; a within and between tree analysis. Oecologia 53: 347-351.

Khair, I., M. Hussain, e S. Mehdi. 1992. Heterose, hereditariedade e avanço genético no girassol. Pak. J. Agri. Res. 13:232-238.

Khan, A., N. J. Malik, M.I. Khan, e S. Riaz. 2001. Desempenho de crescimento, hereditariedade e inter-relação em alguns traços quantitativos no girassol. J.f Biol. Sci. 1:895-897.

Kosach, A., V. Chernik, e A. KH. 1984. Particularidades da formação de sementes de Rhaponticum carthamoides e Silphium perfoliatum em relação às condições de cultivo. Riga, URSS Letónia. Pp. 50-51.

Kwon, S., e J. Torrie. 1964. Heritability and interrelationship among traits of two soybean populations. Crop Sci. 4:196-198.

Ladd, D. 1989. Flora das zonas húmidas do Midwest: Guia ilustrado do gabinete de campo para espécies de plantas. Wetland Science Institute, Centro Técnico Nacional do Centro-Oeste, Lincoln.

Lehmkuhler, J. W., M.H. Ramos, e K.A. Albrecht. 2007. Cup-plant silage as a replacement for corn silage in growing beef cattle diets. Online. Forage and Grazinglands doi: 10, 1094/FG-2007-1107-01-RS

Nguyen, H.T., e D.A. Sleper. 1983. Teoria e aplicação do acasalamento de meios irmãos no melhoramento de gramíneas forrageiras. Theor. Appl.Genet. 64:187-196.

Pichard, G. 2012. Manejo, produção e caraterísticas nutricionais da planta de copa (Silphium perfoliatum) em climas temperados do sul do Chile. Cienc. Inv. Agr 39:61-77.

Robinson, R. G. 1978. Produção e cultura. Ciência e tecnologia do girassol. Agron. Monogr. 19:89-143.

Satterthwaite, F. E. 1946. Uma distribuição aproximada de estimativas de componentes de variância. Biometrics 2:110-114.

Stanton, M. L. 1984. Seed variation in wild radish: effect of seed size on components of seedling and adult fitness. Ecologia: 1105-1112

Tamara, V.M., D.J. Linda, H.W. Paul, e D.K. Hans. 2005. Apenas o tamanho da semente é importante para a germinação em diferentes populações da espécie dimórfica Tragopogon pratensis sub sp. Pratensis (Asteraceae). Am. J. Bot 92(3): 432-437.

Vanisree, G., K. Ananthasayana, G. Nagabhushanam, e C. Jagadish. 1988. Correlation and path coefficient analysis in sunflower (Helianthis annuus L). J. Oilseeds Res 5:46-51.

Via, S. 1993. Plasticidade fenotípica adaptativa: Alvo ou subproduto da seleção num ambiente variável? Am. Nat.142:352-365.

Zareian, A., A. Hamidi, H. Sadeghi e M. Jazaeri. 2013. Efeito do tamanho da semente em algumas caraterísticas de germinação, porcentagem de emergência de plântulas e rendimento de três cultivares de trigo (Tritucum aestivum L.) em laboratório e campo. Middle East J. Sci. Res.13:1126-1131.

Tabela 1. Dados de precipitação e temperatura durante os períodos de crescimento em Brookings, Dakota do Sul (maio a setembro, 2010, 2011 e 2012).

| | Rain fall (mm) | Temperature (°C) Max | Min | Average |
|---|---|---|---|---|
| | | 2010 | | |
| May | 55.9 | 19.4 | 7.4 | 13.7 |
| June | 201.9 | 24.4 | 13.6 | 19.1 |
| July | 134.4 | 27.5 | 16.7 | 22.3 |
| August | 120.7 | 28.3 | 17.3 | 22.6 |
| September | 187.7 | 20.2 | 9.0 | 14.4 |
| | | 2011 | | |
| May | 110.7 | 18.8 | 7.2 | 13.1 |
| June | 84.8 | 24.3 | 13.7 | 18 |
| July | 106.2 | 29.7 | 18.8 | 24.3 |
| August | 34.3 | 26.6 | 13.8 | 20.6 |
| September | 1.8 | 21.4 | 7 | 14.3 |
| | | 2012 | | |
| May | 161 | 21.6 | 9.6 | 15.8 |
| June | 43.4 | 27.4 | 14.5 | 21.3 |
| July | 31.2 | 31.6 | 18.9 | 25.3 |
| August | 50.3 | 27.1 | 13.3 | 20.1 |
| September | 10.9 | 24.2 | 6.4 | 14.8 |

Fonte: Universidade Estadual do Dakota do Sul. Clima e Tempo de Dakota do Sul. Disponível online em http://climate.sdstate.edu/climate_site/archive_data.htm. Acedido em [19/04/2013]

Tabela 2. Quadrados médios para peso do aquênio (g), peso da semente (g), comprimento do aquênio (mm) e largura do aquênio (mm) em Brookings, Dakota do Sul, em 2011 e 2012.

| Source | DF | Achene weight | Seed weight | Achene length | Achene width |
|---|---|---|---|---|---|
| Year | 1 | 0.42580** | 0.09368** | 160.751** | 129.251** |
| Replication | 2 | 0.01970** | 0.00488** | 2.674** | 2.365** |
| Family | 33 | 0.00992** | 0.00349** | 1.457 | 0.885 |
| Year*Replication | 2 | 0.00053 | 0.00084 | 0.32 | 0.264 |
| Year*Family | 33 | 0.00205** | 0.0010** | 0.985** | 0.666** |
| Family*Replication | 66 | 0.00276** | 0.00068* | 0.293 | 0.261 |
| Error | 66 | 0.00098 | 0.00041 | 0.277 | 0.268 |

*, ** Significativo ao nível de probabilidade de p<0,05 e p<0,01, respetivamente

Tabela 3. Quadrados médios para peso do aquênio, peso da semente, comprimento do aquênio e largura do aquênio para cada um dos anos de 2011 e 2012 em Brookings, Dakota do Sul.

| | | Achene weight | | Seed weight | | Achene length | | Achene width | |
|---|---|---|---|---|---|---|---|---|---|
| Source | DF | 2011 | 2012 | 2011 | 2012 | 2011 | 2012 | 2011 | 2012 |
| Replication | 2 | 0.013 | 0.007 | 0.005 | 0.001 | 2.287 | 0.697 | 1.793 | 0.835 |

| Family | 33 | 0.005** | 0.007** | 0.003** | 0.001** | 0.414** | 2.028** | 0.213** | 1.337** |
|---|---|---|---|---|---|---|---|---|---|
| Error | 66 | 0.002 | 0.002 | 0.001 | 0.0003 | 0.158 | 0.412 | 0.102 | 0.427 |

*, ** Significativo ao nível de probabilidade de $p<0,05$ e $p<0,01$, respetivamente

Tabela 4. Médias anuais para peso do aquênio, peso da semente, comprimento do aquênio e largura do aquênio em Brookings, Dakota do Sul, em 2011 e 2012.

| | Achene weight (g) | | | | Seed weight (g) | | |
|---|---|---|---|---|---|---|---|
| Family | 2011 | family | 2012 | family | 2011 | family | 2012 |
| F29 | 0.466 | F20 | 0.364 | F12 | 0.323 | F12 | 0.253 |
| F33 | 0.435 | F33 | 0.361 | F27 | 0.315 | F27 | 0.226 |
| F27 | 0.433 | F25 | 0.339 | F21 | 0.309 | F31 | 0.225 |
| F31 | 0.417 | F29 | 0.336 | F33 | 0.284 | F33 | 0.223 |
| F12 | 0.412 | F18 | 0.335 | F29 | 0.28 | F18 | 0.221 |
| F25 | 0.408 | F31 | 0.334 | F20 | 0.279 | F29 | 0.22 |
| F13 | 0.401 | F27 | 0.328 | F13 | 0.266 | F13 | 0.218 |
| F6 | 0.398 | F12 | 0.318 | F19 | 0.264 | F20 | 0.218 |
| F7 | 0.395 | F13 | 0.315 | F7 | 0.263 | F23 | 0.217 |
| F2 | 0.393 | F22 | 0.31 | F16 | 0.263 | F25 | 0.215 |
| F8 | 0.392 | F26 | 0.305 | F18 | 0.256 | F19 | 0.213 |
| F20 | 0.389 | F23 | 0.297 | F5 | 0.254 | F28 | 0.212 |
| F21 | 0.379 | F28 | 0.295 | F14 | 0.253 | F7 | 0.212 |
| F18 | 0.377 | F7 | 0.293 | F31 | 0.253 | F22 | 0.211 |
| F3 | 0.377 | F16 | 0.279 | F30 | 0.252 | F26 | 0.21 |
| F19 | 0.369 | F19 | 0.278 | F2 | 0.251 | F16 | 0.207 |
| F16 | 0.366 | F21 | 0.277 | F11 | 0.25 | F30 | 0.203 |
| F4 | 0.364 | F5 | 0.267 | F6 | 0.249 | F21 | 0.202 |
| F30 | 0.362 | F24 | 0.264 | F3 | 0.244 | F9 | 0.202 |
| F24 | 0.358 | F30 | 0.264 | F22 | 0.24 | F14 | 0.202 |
| F5 | 0.357 | F8 | 0.258 | F25 | 0.234 | F24 | 0.201 |
| F14 | 0.352 | F14 | 0.257 | F9 | 0.231 | F17 | 0.198 |
| F22 | 0.352 | F17 | 0.256 | F23 | 0.225 | F5 | 0.197 |
| F26 | 0.349 | F4 | 0.246 | F4 | 0.224 | F2 | 0.195 |
| F9 | 0.346 | F2 | 0.245 | F28 | 0.222 | F8 | 0.193 |
| F11 | 0.346 | F9 | 0.244 | F8 | 0.22 | F6 | 0.191 |
| F23 | 0.344 | F6 | 0.23 | F24 | 0.219 | F32 | 0.191 |
| F28 | 0.342 | F15 | 0.229 | F10 | 0.215 | F11 | 0.188 |
| F17 | 0.319 | F32 | 0.225 | F26 | 0.21 | F4 | 0.186 |
| F15 | 0.299 | F11 | 0.225 | F32 | 0.207 | F15 | 0.185 |
| F1 | 0.295 | F10 | 0.215 | F17 | 0.198 | F10 | 0.179 |
| F10 | 0.295 | F3 | 0.181 | F15 | 0.193 | F3 | 0.152 |
| F32 | 0.286 | F1 | 0.177 | F1 | 0.186 | F1 | 0.15 |
| Check | 0.368 | check | 0.285 | check | 0.229 | check | 0.19 |
| Mean | 0.369 | | 0.277 | | 0.246 | | 0.203 |
| $LSD_{(0.05)}$ | 0.06 | | 0.05 | | 0.044 | | 0.029 |
| CV (%) | 12.5 | | 14.4 | | 11 | | 8.9 |

LSD = diferença mínima significativa; CV = coeficiente de variação

Quadro 4. (continuação). Médias anuais para peso do aquênio, peso da semente, comprimento do aquênio e largura do aquênio em Brookings, Dakota do Sul, em 2011 e 2012.

| | Achene length (mm) | | | | Achene width (mm) | | |
|---|---|---|---|---|---|---|---|
| family | 2011 | family | 2012 | family | 2011 | family | 2012 |
| F13 | 9.6 | F15 | 8.67 | F2 | 6.56 | F32 | 5.55 |
| F12 | 9.41 | F12 | 8.35 | F29 | 6.46 | F16 | 5.43 |
| F3 | 9.4 | F20 | 8.09 | F8 | 6.39 | F20 | 5.22 |
| F33 | 9.24 | F18 | 8.08 | F12 | 6.36 | F12 | 5.21 |
| F31 | 9.15 | F29 | 8.05 | F3 | 6.33 | F18 | 5.13 |
| F21 | 9.15 | F26 | 8.01 | F19 | 6.32 | F25 | 5.13 |
| F27 | 9.06 | F25 | 8 | F25 | 6.23 | F27 | 5.09 |
| F2 | 9.02 | F2 | 7.98 | F33 | 6.23 | F29 | 5.09 |
| F29 | 9.01 | F22 | 7.52 | F26 | 6.21 | F10 | 5.08 |
| F15 | 9 | F6 | 7.5 | F13 | 6.19 | F26 | 5.05 |
| F7 | 9 | F27 | 7.44 | F31 | 6.18 | F8 | 5.03 |
| F16 | 9 | F10 | 7.36 | F20 | 6.17 | F5 | 4.97 |
| F6 | 8.96 | F16 | 7.31 | F30 | 6.15 | F22 | 4.86 |
| F25 | 8.93 | F32 | 7.23 | F21 | 6.11 | F33 | 4.76 |
| F8 | 8.88 | F4 | 7.22 | F27 | 6.11 | F31 | 4.68 |
| F30 | 8.88 | F31 | 7.12 | F7 | 6.04 | F2 | 4.63 |
| F18 | 8.85 | F7 | 7.08 | F32 | 6.02 | F4 | 4.43 |
| F26 | 8.85 | F33 | 7.05 | F24 | 6.02 | F23 | 4.41 |
| F24 | 8.81 | F30 | 7.03 | F23 | 6.02 | F15 | 4.12 |
| F19 | 8.75 | F13 | 7.02 | F1 | 5.97 | F17 | 4.01 |
| F9 | 8.75 | F23 | 6.64 | F16 | 5.93 | F28 | 3.92 |
| F17 | 8.6 | F17 | 6.51 | F22 | 5.92 | F14 | 3.92 |
| F22 | 8.59 | F8 | 6.45 | F6 | 5.89 | F19 | 3.9 |
| F11 | 8.57 | F1 | 6.45 | F5 | 5.87 | F9 | 3.9 |
| F32 | 8.56 | F24 | 6.37 | F15 | 5.82 | F11 | 3.89 |
| F20 | 8.48 | F19 | 6.29 | F4 | 5.82 | F30 | 3.89 |
| F23 | 8.47 | F28 | 6.1 | F18 | 5.79 | F1 | 3.88 |
| F14 | 8.45 | F3 | 6.07 | F17 | 5.69 | F13 | 3.88 |
| F5 | 8.28 | F5 | 5.94 | F14 | 5.68 | F24 | 3.82 |
| F28 | 8.25 | F9 | 5.91 | F9 | 5.66 | F3 | 3.72 |
| F4 | 8.25 | F14 | 5.85 | F28 | 5.63 | F21 | 3.44 |
| F1 | 8.23 | F21 | 5.84 | F11 | 5.6 | F6 | 3.32 |
| F10 | 8.01 | F11 | 5.7 | F10 | 5.45 | F7 | 3.07 |
| check | 8.99 | check | 6.85 | check | 5.97 | check | 4.22 |
| Mean | 8.81 | | 7.03 | | 6.02 | | 4.43 |
| $LSD_{(0.05)}$ | 0.64 | | 1 | | 0.52 | | 1.1 |
| CV (%) | 4.5 | | 9.1 | | 5.3 | | 14.7 |

LSD = diferença mínima significativa; CV = coeficiente de variação

Tabela 5. Valores médios em 2011 e 2012 para o peso do aquénio (g) e peso da semente (g) em Brookings, Dakota do Sul.

| Family | achene weight | family | seed weight |
|---|---|---|---|
| F29 | 0.401 | F12 | 0.288 |
| F33 | 0.398 | F27 | 0.270 |
| F27 | 0.381 | F21 | 0.256 |
| F20 | 0.377 | F33 | 0.254 |
| F31 | 0.376 | F29 | 0.250 |
| F25 | 0.373 | F20 | 0.249 |
| F12 | 0.365 | F13 | 0.242 |
| F13 | 0.358 | F31 | 0.239 |
| F18 | 0.356 | F19 | 0.238 |
| F7 | 0.344 | F18 | 0.238 |
| F22 | 0.331 | F7 | 0.238 |
| F21 | 0.328 | F16 | 0.235 |
| F26 | 0.327 | F30 | 0.228 |
| F8 | 0.325 | F14 | 0.228 |
| F19 | 0.324 | F22 | 0.226 |
| F16 | 0.323 | F5 | 0.225 |
| F23 | 0.321 | F25 | 0.225 |
| F2 | 0.319 | F2 | 0.223 |
| F28 | 0.319 | F23 | 0.221 |
| F6 | 0.314 | F6 | 0.220 |
| F30 | 0.313 | F11 | 0.219 |
| F5 | 0.312 | F28 | 0.217 |
| F24 | 0.311 | F9 | 0.216 |
| F4 | 0.305 | F24 | 0.210 |
| F14 | 0.305 | F26 | 0.209 |
| F9 | 0.295 | F8 | 0.207 |
| F17 | 0.288 | F4 | 0.205 |
| F11 | 0.286 | F32 | 0.199 |
| F3 | 0.279 | F17 | 0.198 |
| F15 | 0.264 | F3 | 0.198 |
| F32 | 0.256 | F10 | 0.197 |
| F10 | 0.255 | F15 | 0.189 |
| F1 | 0.236 | F1 | 0.168 |
| check | 0.327 | check | 0.209 |
| Mean | 0.323 | | 0.224 |
| $LSD_{(0.05)}$ | 0.04 | | 0.023 |
| CV (%) | 9.7 | | 8.9 |

LSD = diferença mínima significativa; CV = coeficiente de variação

Tabela 6. Estimativas de hereditariedade de sentido restrito e respectivos erros padrão (entre parêntesis) para o peso do aquénio e outros traços na planta da chávena com base nos componentes de variância e na regressão progenitora da descendência (POR) a partir de sementes produzidas em Brookings, SD, em 2011 e 2012.

| Traits | $h^2$ | POR |
|---|---|---|
| Achene weight | 0.65(0.32)† | 0.68(0.23) |
| Achene length | 0.32(0.13) | 0.40(0.14) |
| Achene width | 0.25(0.11) | 0.37(0.12) |
| Seed weight | 0.66(0.26) | 0.69(0.24) |

f Erro padrão (Hallauer e Miranda, 1988)

Tabela 7. Estimativas dos coeficientes de correlação genotípica ($_{rG}$) e fenotípica ($_{rP}$) entre o peso do aquénio, o comprimento do aquénio, a largura do aquénio e o peso da semente a partir de sementes produzidas em Brookings, SD, em 2011 e 2012.

| Traits | | Achene weight | Achene length | Achene width |
|---|---|---|---|---|
| Achene length | rG | 0.671** | | |
| | rP | 0.49** | | |
| Achene width | rG | 0.59** | 0.705** | |
| | rP | 0.44** | 0.602** | |
| Seed weight | rG | 0.82** | 0.49** | 0.45** |
| | rP | 0.78** | 0.38* | 0.32* |

*, ** Significativo ao nível de probabilidade de p< 0,05 e p<0,01, respetivamente

Tabela 8. Plasticidade fenotípica do peso do aquênio e do peso da semente para cada família com sua média em 2011 e 2012 em Brookings, Dakota do Sul.

| Family | F-test | Achene weight class | 2011 | 2012 | F-test | Seed weight Class | 2011 | 2012 |
|---|---|---|---|---|---|---|---|---|
| F1 | * | P | 0.295 | 0.177 | ns | H | 0.186 | 0.15 |
| F2 | ** | P | 0.393 | 0.245 | * | P | 0.251 | 0.195 |
| F3 | * | P | 0.377 | 0.181 | ns | H | 0.244 | 0.152 |
| F4 | * | P | 0.364 | 0.246 | ns | H | 0.224 | 0.186 |
| F5 | ** | P | 0.357 | 0.267 | * | P | 0.254 | 0.197 |
| F6 | ** | P | 0.398 | 0.229 | ns | H | 0.249 | 0.191 |
| F7 | ns | H | 0.395 | 0.293 | * | P | 0.263 | 0.212 |
| F8 | * | P | 0.392 | 0.258 | * | P | 0.22 | 0.193 |
| F9 | ** | P | 0.346 | 0.244 | * | P | 0.231 | 0.202 |
| F10 | ** | P | 0.295 | 0.215 | * | P | 0.215 | 0.179 |
| F11 | * | P | 0.346 | 0.225 | * | P | 0.25 | 0.188 |
| F12 | ** | P | 0.412 | 0.318 | * | P | 0.323 | 0.253 |
| F13 | * | P | 0.401 | 0.315 | * | P | 0.266 | 0.218 |
| F14 | * | P | 0.352 | 0.257 | ns | H | 0.253 | 0.202 |
| F15 | * | P | 0.299 | 0.229 | ns | H | 0.193 | 0.185 |

| | | | | | | | | |
|---|---|---|---|---|---|---|---|---|
| F16 | ns | H | 0.366 | 0.279 | ns | H | 0.193 | 0.185 |
| F17 | ns | H | 0.319 | 0.256 | ns | H | 0.198 | 0.198 |
| F18 | ns | H | 0.377 | 0.335 | ns | H | 0.256 | 221 |
| F19 | * | P | 0.369 | 0.278 | * | P | 0.264 | 0.213 |
| F20 | ns | H | 0.389 | 0.364 | ns | H | 0.279 | 0.218 |
| F21 | * | P | 0.379 | 0.277 | ** | P | 0.309 | 0.202 |
| F22 | ns | P | 0.352 | 0.310 | * | P | 0.239 | 0.211 |
| F23 | * | P | 0.344 | 0.297 | ns | H | 0.225 | 0.217 |
| F24 | * | P | 0.358 | 0.264 | * | P | 0.219 | 0.201 |
| F25 | ns | H | 0.408 | 0.339 | ns | H | 0.234 | 0.215 |
| F26 | ns | H | 0.349 | 0.305 | ns | H | 0.21 | 0.209 |
| F27 | * | P | 0.433 | 0.328 | ** | P | 0.315 | 0.226 |
| F28 | ns | H | 0.342 | 0.295 | ns | H | 0.222 | 0.212 |
| F29 | * | P | 0.466 | 0.336 | ** | P | 0.28 | 0.22 |
| F30 | * | P | 0.362 | 0.264 | ns | H | 0.252 | 0.203 |
| F31 | ns | H | 0.417 | 0.334 | ns | H | 0.253 | 0.225 |
| F32 | ** | P | 0.286 | 0.225 | * | P | 0.207 | 0.191 |
| F33 | * | P | 0.435 | 0.361 | ** | P | 0.284 | 0.223 |
| Check | * | H | 0.368 | 0.285 | ns | H | 0.229 | 0.19 |

*, ** Significativo ao nível de 0,05 e 0,01 de probabilidade, ns = não significativo, P = plástico e H = homeostático

Tabela 9. Plasticidade fenotípica para 34 entradas em 2011 e 2012 em Brookings, Dakota do Sul.

| | Traits | |
|---|---|---|
| Year | achene length | achene width |
| 2011 | 8.8** | 6.0** |
| 2012 | 7.0** | 4.4** |
| Mean | 7.9 | 5.2 |

** Significativo ao nível de probabilidade de $p < 0,01$.

Tabela 10. Análise de variância do peso do aquênio, porcentagem de germinação, peso seco das plântulas e vigor das plântulas.

| | | Mean squares | | | |
|---|---|---|---|---|---|
| Source | DF | Achene weight (g) | Germination (%) | Seedling dry weight | Seedling vigor |
| Replication | 2 | 0.0131 | 60.539 | 0.0699 | 557.397 |
| Family | 33 | 0.0052** | 237.886** | 0.0658** | 530.84** |
| Error | 66 | 0.0021 | 29.731 | 0.0115 | 106.569 |

1 Significativo ao nível de probabilidade de $p < 0,01$.

Tabela 11. Comparação das médias familiares do peso do aquênio, porcentagem de germinação, peso seco da plântula e vigor da plântula para 33 famílias de meios irmãos e uma população de controle em um experimento de emergência de plântulas em estufa em Brookings, SD, em novembro de 2013.

| Family | Achene weight (g) | family | Germination (%) | family | Seedling dry weight (g) | family | Seedling vigor |
|---|---|---|---|---|---|---|---|
| F29 | 0.466 | F12 | 98.3 | F29 | 0.715 | F29 | 69.16 |
| F33 | 0.435 | F27 | 96.7 | F27 | 0.688 | F27 | 66.28 |
| F27 | 0.433 | F29 | 96.7 | F31 | 0.675 | F31 | 65.41 |
| F31 | 0.417 | F31 | 96.7 | F8 | 0.668 | F3 | 61.75 |
| F12 | 0.412 | F3 | 93.3 | F3 | 0.661 | F8 | 61.41 |
| F25 | 0.408 | F33 | 93.3 | F25 | 0.653 | F20 | 54.01 |
| F13 | 0.401 | F8 | 91.7 | F20 | 0.631 | F18 | 51.58 |
| F6 | 0.398 | F7 | 90 | F18 | 0.609 | F12 | 51.21 |
| F7 | 0.395 | F11 | 90 | F33 | 0.603 | F25 | 50.07 |
| F2 | 0.393 | F5 | 88.3 | F30 | 0.565 | F33 | 47.08 |
| F8 | 0.392 | F25 | 88.3 | F26 | 0.521 | F7 | 45.3 |
| F20 | 0.389 | F6 | 86.7 | F21 | 0.52 | F2 | 42.57 |
| F21 | 0.379 | F4 | 85 | F12 | 0.519 | F30 | 41.73 |
| F18 | 0.377 | F18 | 85 | F13 | 0.519 | F26 | 40.85 |
| F3 | 0.377 | F20 | 85 | F2 | 0.51 | F11 | 39.92 |
| F19 | 0.369 | F2 | 83.3 | F7 | 0.503 | F21 | 37.99 |
| F16 | 0.366 | F13 | 83.3 | F6 | 0.495 | F5 | 36.37 |
| F4 | 0.364 | F22 | 80 | F24 | 0.469 | F1 | 35.97 |
| F30 | 0.362 | F26 | 80 | F11 | 0.443 | F24 | 35.59 |
| F24 | 0.358 | F28 | 78.3 | F23 | 0.436 | F13 | 35.52 |
| F5 | 0.357 | F14 | 76.7 | F9 | 0.431 | F28 | 34.96 |
| F14 | 0.352 | F15 | 76.7 | F5 | 0.41 | F6 | 34.61 |
| F22 | 0.352 | F24 | 75 | F4 | 0.34 | F23 | 32.3 |
| F26 | 0.349 | F30 | 75 | F22 | 0.324 | F9 | 31.25 |
| F9 | 0.346 | F9 | 73.3 | F14 | 0.304 | F4 | 28.51 |
| F11 | 0.346 | F10 | 73.3 | F16 | 0.303 | F14 | 28.44 |
| F23 | 0.344 | F16 | 73.3 | F28 | 0.294 | F15 | 27.81 |
| F28 | 0.342 | F17 | 73.3 | F1 | 0.282 | F10 | 27.59 |
| F17 | 0.319 | F21 | 73.3 | F10 | 0.28 | F16 | 26.78 |
| F15 | 0.299 | F23 | 73.3 | F19 | 0.279 | F22 | 26.01 |
| F1 | 0.295 | F1 | 71.7 | F15 | 0.276 | F17 | 25.49 |
| F10 | 0.295 | F19 | 70 | F17 | 0.25 | F32 | 24.81 |
| F32 | 0.286 | F32 | 70 | F32 | 0.238 | F19 | 19.79 |
| Check | 0.368 | check | 73.3 | check | 0.489 | check | 34.7 |
| Mean | 0.368 | | 82.3 | | 0.467 | | 40.4 |
| $LSD_{(0.05)}$ | 0.075 | | 8.8 | | 0.175 | | 16.8 |
| CV (%) | 12.5 | | 6.6 | | 23 | | 25 |

LSD = diferença mínima significativa; CV = coeficiente de variação

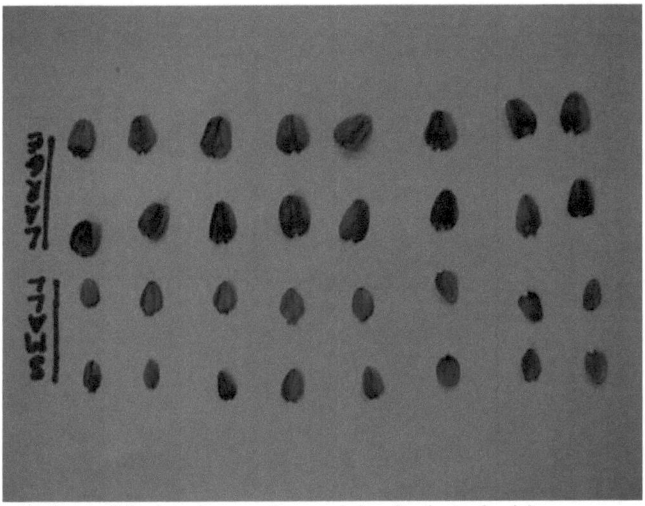

Figura 1. Variação da morfologia e do peso dos aquénios da planta da chávena.

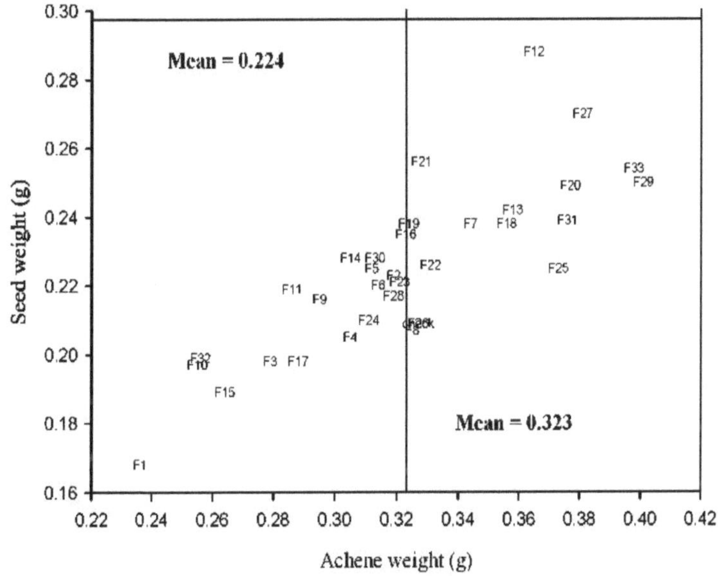


Fig. 2. Relação entre o peso do aquénio e o peso da semente em Brookings, South Dakota State University. As famílias com valores mais elevados de peso de aquénio e peso de semente aparecem no quadrante superior direito. A linha horizontal é a média geral para o peso da semente e a linha vertical é para o peso do aquénio.

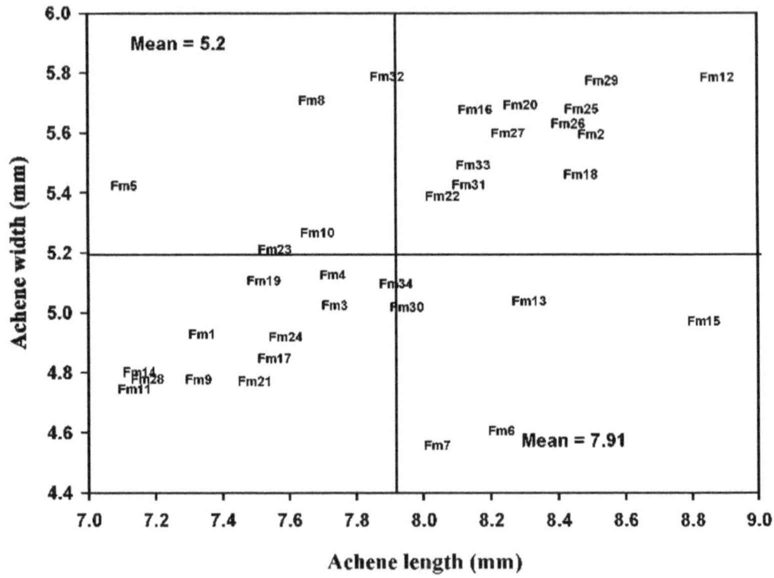


Fig. 3. Relação entre o comprimento do aquénio e a largura do aquénio em Brookings, South Dakota State University. As famílias com valores mais elevados de comprimento do aquénio e largura do aquénio aparecem no quadrante superior direito. A linha horizontal é a média geral para a largura do aquénio e a linha vertical é para o comprimento do aquénio.

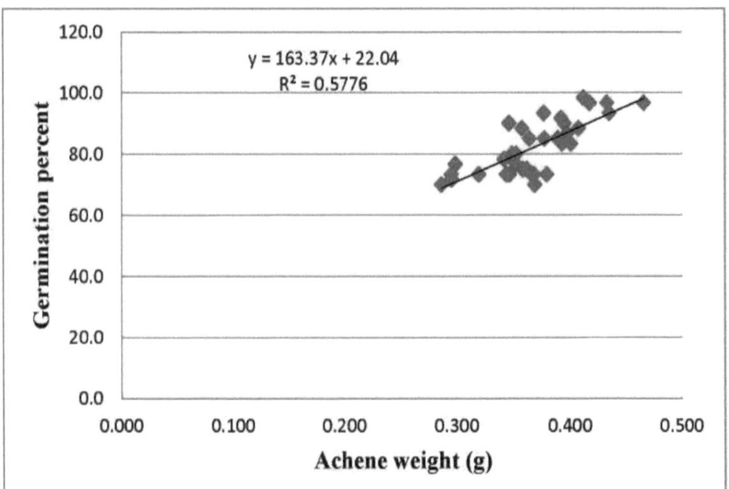


Fig. 4. Associação entre o peso do aquênio e a porcentagem de germinação na planta do copo em um ensaio de emergência em estufa em Brookings, SD, em novembro de 2013.

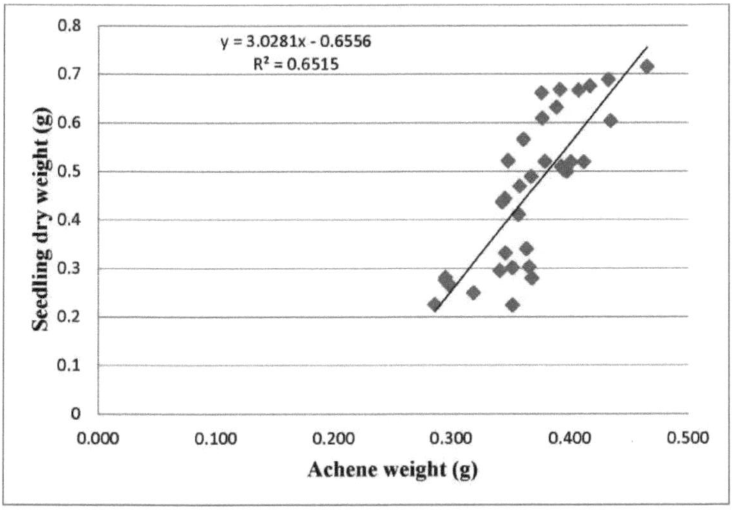


Fig. 5. Associação entre o peso do aquénio e o peso seco da plântula na planta da chávena num ensaio de emergência em estufa em Brookings, SD, em novembro de 2013.

# CAPÍTULO 4

## Identificação de marcadores AFLP na planta da chávena

### Introdução

A planta da copa (Silphium perfoliatum L.) é uma planta perene com importância bioenergética e forrageira na Europa e na América do Norte (Settle, 1967). No entanto, a informação genética sobre as plantas de copa é escassa na literatura, o que dificulta o progresso do melhoramento.

A planta da copa é um parente próximo das plantas de girassol com um número de cromossomas diploide de 14 (2n=14).

Uma vez que o girassol é uma importante cultura de sementes oleaginosas, foi desenvolvida e publicada na literatura uma quantidade razoável de informação genética e molecular. Yue et al., 2009, comunicaram a identificação de marcadores AFLP que estão associados a caraterísticas das sementes de girassol, como o tamanho e o peso.

Pensámos que a informação do girassol poderia ser útil para as plantas de chávena. Assim, o objetivo deste estudo foi testar a viabilidade de utilizar os marcadores AFLP do girassol no melhoramento de plantas de chávena para caraterísticas de sementes. Devido a limitações de tempo, só consegui otimizar o protocolo de extração de ADN para obter ADN genómico de qualidade e testei alguns marcadores em plantas de chávena.

### Material e métodos

Materiais vegetais

Para a extração do ADN foram utilizadas doze famílias de meios irmãos e uma cultivar de girassol

Extração de ADN

A técnica de extração de ADN foi adaptada de Yue et al. (2009) com algumas modificações. Tal como as plantas de girassol, os tecidos foliares das plantas de copa contêm uma elevada quantidade de fenólicos e fortes actividades de oxidase. A oxidação dos compostos fenólicos inibe a amplificação da PCR. Assim, é fundamental remover os compostos fenólicos e as actividades de oxidase do ADN durante a extração.

As amostras de folhas jovens (600 mg) foram trituradas até se tornarem pó num almofariz com azoto líquido e cerca de 200 mg de tecido triturado foram transferidos para um tubo de microcentrífuga de 1,5 ml. Foi adicionado um mL de tampão de lavagem previamente arrefecido a cada tubo contendo o pó de folha e misturado por vórtex.

As amostras foram mantidas em gelo durante 5 min e centrifugadas a 11 000 g durante 10 min a 4° C. Depois de eliminada a camada aquosa castanha superior, cada amostra foi ressuspensa em 700 µl de CTAB com elevado teor de sal pré-aquecido (60-65° C) e incubada a 65° C em banho-maria durante 30 min. Assim que as amostras arrefeceram (cerca de 4-5 min à temperatura ambiente), adicionou-se 500 µl de clorofórmio/álcool isoamílico (24:1) a cada tubo e misturou-se bem invertendo durante 1 min. As amostras foram centrifugadas a 11 000 g durante 10 minutos e a camada superior (cerca de 750 µl) foi transferida para um novo tubo de 1,5 ml. As amostras foram novamente extraídas com clorofórmio/álcool isoamílico.

Após centrifugação, a camada superior (cerca de 500 µl) foi transferida para um novo tubo e misturada com 2 volumes de álcool absoluto por inversão.

O sedimento de ADN foi retirado com uma ponta de pipeta para um novo tubo de 1,5 ml e lavado com 1 ml de álcool a 70%. Os sedimentos foram recolhidos por centrifugação a 5000 g durante 1 minuto e foram novamente lavados com etanol a 70 %. Após a remoção da solução de etanol, os tubos foram imediatamente invertidos sobre uma toalha de papel durante 5 minutos para remover os resíduos de etanol nos sedimentos de ADN.

O ADN foi dissolvido em 500 pl de tampão TE e misturado com 1 pl de RNase A. Após incubação durante 30 min a 37° C, a amostra foi misturada com 500 µl de fenol-clorofórmio-álcool isoamílico (v/v, 25:24:1) por agitação em vórtice. As amostras de ADN foram centrifugadas à velocidade mais elevada durante 5 minutos. A camada superior foi transferida para um novo tubo e misturada com 20 µl de NaCl 5M e depois 1.000 µl de álcool absoluto. Os precipitados de ADN foram recolhidos por centrifugação a 10 000 g durante 5 min. Após uma breve secagem, invertendo os tubos sobre uma toalha de papel limpa, os pellets de ADN foram dissolvidos em 100 µl de tampão TE. O espetrofotómetro NanoDrop (ND-1000) foi utilizado para medir a quantidade e a pureza do ácido nucleico. A quantificação das concentrações de ADN foi ajustada para aproximadamente 1 ng/pl para a amplificação por PCR.

Reação de PCR

Cada reação de PCR de 20 pl continha 2 ng de ADN genómico, 0,5 pM de cada iniciador, 0,2 mM de dNTP e 1 U de Taq polimerase da NEBiolab. A reação de PCR consistiu em 94° C durante 4 min e 40 ciclos de 94° C durante 20s, 60° C durante 20s e 72° C durante 2 min. O último passo da reação de PCR foi 72° C durante 5 min.

Eletroforese em gel e imagem do gel

Os produtos da PCR foram separados em gel de agarose a 1% em tampão TE com brometo de etídio e as imagens foram obtidas utilizando um sistema de imagem BioRad.

Tabela 1. Listas de iniciadores utilizados durante as amplificações de PCR

| **Primer Name** | **Source** |
|---|---|
| r18S forward | From Dr. Wu lab |
| r18S reverse | From Dr. Wu lab |
| T100 | Yue et al., 2009 |
| R23 | Yue et al., 2009 |

## Resultados e discussão

Foi obtida uma boa quantidade de ADN genómico de todas as amostras utilizando o protocolo modificado. A concentração e a pureza do ADN de cada amostra de planta em chávena foram determinadas sepectrofotometricamente a comprimentos de onda de 260, 230 e 280 nm, utilizando um NanoDrop. O rácio entre a absorvância a 260 e 280 nm (260/280) e 260 vs 230 nm variou entre 1,58 e 1,98, indicando alguns níveis de polissacáridos e proteínas contaminantes.

A fim de examinar melhor a qualidade das amostras de ADN, este foi diluído a 1 ng/pl e utilizado para amplificação por PCR utilizando iniciadores para um gene rl8S concebido para Arabidopsis. Os resultados da PCR são apresentados na figura 1.

Cada amostra foi capaz de amplificar uma amplificação de ~450 pb, como esperado. Além disso, a intensidade da banda em cada pista (ou em cada amostra) era muito semelhante, indicando que a quantificação do ADN era bastante fiável.

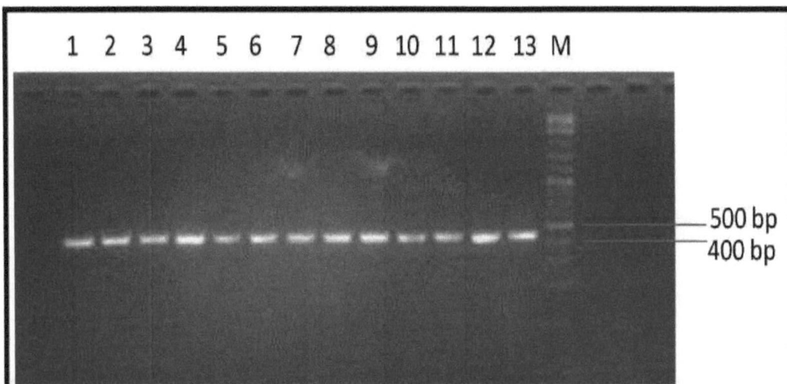


Figura 1. Eletroforese em gel de agarose (1%) mostrando produtos amplificados a partir de ADN genómico extraído de 12 famílias de meios-sib e de uma cultivar de girassol, utilizando os primers específicos para um gene r18S. As pistas 1-12 correspondem a 12 famílias de meios-sib e a pista 13 contém amplicões de ADN de girassol. M indica a escada de ADN.

Estas amostras de ADN foram depois utilizadas para análise PCR utilizando os primers para girassol que foram desenvolvidos para caraterísticas de sementes (Yue et al., 2009). Entre as 12 combinações de primers testadas (devido ao tempo limitado), um par de primers, T100 x R23 (Tabela 1), produziu um padrão de tamanho de fragmento de DNA polimórfico na quantidade de amostras (Fig. 2).

Os resultados prometem a utilização de marcadores moleculares de girassol no melhoramento de plantas de copa, uma vez confirmada a sua associação com as caraterísticas de interesse.

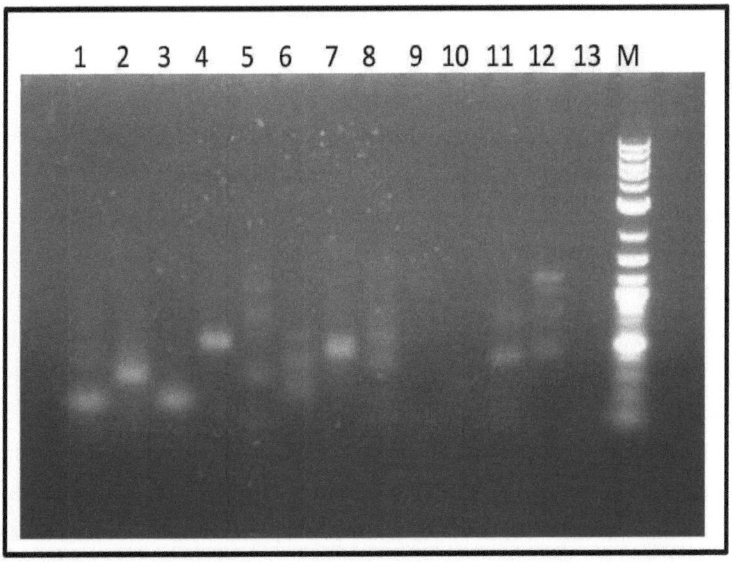


Fig. 2. Eletroforese em gel de agarose mostrando um padrão polimórfico de fragmentos de ADN amplificados a partir de ADN genómico extraído de 12 famílias de meios irmãos de plantas de taça e de uma cultivar de girassol, utilizando primers T100 x R23.

Referências

Settle, W. J. (1967). A Morfologia dos Cromossomas no Género Silphium (Compositae).

Yue, B., Cai, X., Yuan, W., Vick, B., e Hu, J. (2009). Mapeamento de loci de caraterísticas quantitativas (QTL) que controlam a morfologia das sementes e o diâmetro do disco no girassol (Helianthus annuus L.). Helia 32, 17-35.

# CAPÍTULO 5

## Conclusão

Este estudo de 3 anos de uma única população de planta em forma de taça no leste do Dakota do Sul produziu informações importantes sobre a sua biologia, morfologia, genética, plasticidade e potencial para a produção de bioenergia.

Esta investigação forneceu as primeiras estimativas de variação genética para a produção de biomassa a longo prazo para uma forragem nativa perene não leguminosa no norte das Grandes Planícies. Estas estimativas indicaram que as famílias superiores da planta da chávena eram competitivas com as gramíneas perenes de estação quente, como a switchgrass, na produção de biomassa. A comparação direta da planta da chávena com gramíneas perenes não era um objetivo deste estudo, no entanto, esse trabalho foi feito em simultâneo, e esta população de planta da chávena produziu tanta ou mais biomassa do que a switchgrass em vários locais em cada um dos estados de SD e WI durante um período de três anos (Boe e Albrecht dados não publicados). Esta investigação também demonstrou que uma população de plantas de copa com origem em IL e WI estava bem adaptada ao Dakota do Sul oriental e a um único sistema de colheita de biomassa no início do outono, devido à sua elevada persistência (ou seja, sobrevivência das plantas), ao aumento da densidade de rebentos ao longo de um período de 3 anos e à resiliência, ao demonstrar a recuperação da produção de biomassa no ano seguinte a uma seca grave.

Este estudo forneceu a informação genética para desenvolver uma estratégia de melhoramento para o desenvolvimento de uma cultivar de primeira geração, destinada à produção de bioenergia no norte das Grandes Planícies, a partir desta população. Também identificou caraterísticas morfológicas que podem ser úteis para critérios de seleção, se a seleção para biomassa per se não for bem sucedida.

MIX
Papier aus verantwortungsvollen Quellen
Paper from responsible sources
FSC® C105338

Printed by Books on Demand GmbH, Norderstedt / Germany